排污许可证实施的监督管理体系研究

王军霞 赵银慧 张 震 敬 红 著

中国环境出版集团·北京

图书在版编目（CIP）数据

排污许可证实施的监督管理体系研究/王军霞等著. —北京：中国环境出版集团，2019.11

ISBN 978-7-5111-4185-9

Ⅰ. ①排… Ⅱ. ①王… Ⅲ. ①排污许可证—许可证制度—监管制度—研究—中国 Ⅳ. ①X-652

中国版本图书馆 CIP 数据核字（2019）第 278294 号

出 版 人 武德凯
责任编辑 曲 婷
责任校对 任 丽
封面设计 艺友品牌

出版发行 中国环境出版集团
（100062 北京市东城区广渠门内大街 16 号）
网 址：http：//www.cesp.com.cn
电子邮箱：bjgl@cesp.com.cn
联系电话：010-67112765（编辑管理部）
发行热线：010-67125803，010-67113405（传真）

印 刷 北京中科印刷有限公司
经 销 各地新华书店
版 次 2019 年 12 月第 1 版
印 次 2019 年 12 月第 1 次印刷
开 本 787×1092 1/16
印 张 15.5
字 数 248 千字
定 价 50.00 元

【版权所有。未经许可，请勿翻印、转载，违者必究。】

如有缺页、破损、倒装等印装质量问题，请寄回本集团更换

中国环境出版集团郑重承诺：

中国环境出版集团合作的印刷单位、材料单位均具有中国环境标志产品认证；

中国环境出版集团所有图书“禁塑”。

前言

排污许可制度是发达国家普遍采用的一项政策手段，尽管我国提出建立排污许可制度已经有很多年历史，但直至2016年国务院办公厅印发《控制污染物排放许可制实施方案》，排污许可制度才开始在我国全面实施。从国际经验来看，监督检查是排污许可制度实施效果的重要保障，我国长期积累的固定污染源排放监管经验为实施排污许可制度奠定了一定基础，但仍难以满足排污许可证制度精细化管理的需求，有必要对排污许可制度实施过程的监督管理体系进行系统研究。

2016年，由环境保护部环境规划院牵头的国家重点研发计划大气污染成因与控制技术研究专项“排污许可证管理政策与支撑技术研究项目”（2016YFC0208400），中国环境监测总站承担了课题七“排污许可证实施的监督管理体系研究”相关工作。3年多来，课题组开展相关研究，已取得初步研究成果。本书是该课题的主要成果之一，凝聚了所有课题参与人员的心血。全书由王军霞、赵银慧统稿，各章主要执笔人为：

第一章：敬红，王军霞；第二章：邱立莉、王军霞、钱文涛；第三章：张震、王军霞、赵银慧；第四章：张震、王军霞、赵银慧、敬红、李莉娜、陈敏敏；第五章：李莉娜、王军霞、陈敏敏、刘通浩；第六章：陈敏敏、王军霞、张震、敬红、赵银慧、赵英煛；第七章：王军霞、赵银慧、赵英煛；第八章：赵银慧、王军霞。

尽管课题组投入了较大的精力，希望能有所突破，解决排污许可制度实施过程监督管理体系的关键技术难点，为环境管理提供更好的服务和支持，然而限于能力、研究深入程度，研究成果也难免存在不足之处，希望相关专家学者提出宝贵意见。对于本书中表述的不当之处，敬请斧正！

编　者

2019 年 12 月于北京

目录

第1章 绪论

1.1 国内外排污许可证制度概述

1.1.1 排污许可证制度是发达国家固定污染源排放监管的核心政策手段，监督检查是许可证制度实施效果的重要保障

排污许可证制度，是国外比较普遍采用的控制污染的法律制度。它被说成是污染控制法的“支柱”，广泛用于各种对环境有影响的建设项目、排污设施和经营活动。水体排污许可证使用得尤其普遍。执行许可证制度的关键，是制定恰当的排放标准和规定具体义务。

（1）美国对废水点源和废气固定源分别发放排污许可证

在美国，排污许可证制度是废水点源、废气固定源最重要的政策手段。排污许可证制度作为国家对排污单位污染治理和排放要求等排放标准的载体，已与废水点源、废气固定源排放监管相关的要求进行整合。

1972 年《清洁水法》中规定建立排污许可证计划，称为“国家消除污染排放制度”（National Pollutant Discharge Elimination System，NPDES）许可，主要适用于废水点源。

1990 年《清洁空气法修正案》中规定，对于新污染源必须申请并获得新污染源审查（New Source Review，NSR）许可证或防止重大恶化（Prevention Significant Deterioration，PSD）许可证，NSR 许可证适用于未达标地区，PSD 许可证适用于达标地区。这两类许可证本质上是一项新固定污染源建设许可证。所有废气固定污染源在运行前必须取得运行许可证（Operating Permits）。对于已经获得 NSR 或 PSD 许可证的新污染源，在未获得运行许可证之前，亦不得开工运行。除此之外，1990 年《清洁空气法修正案》中提出酸沉降控制制度，适用于所有化石燃料发电单位，目的是降低二氧化硫和氮氧化物的排放量，核心是可交易的许可证，即基于许可证的二氧化硫配额交易制度。

（2）欧盟国家没有统一的污染源排放控制政策，各成员国情况不一，

英国、德国、瑞典、法国等国家实施许可证制度

欧盟环境管理政策一般分为两个层面，即欧盟层面（EU level）和成员国层面（Member states level）。欧盟层面指令规定了针对整个欧盟、某一类污染源所要达到的环境目标或污染物排放及管理要求，成员国可在欧盟指令的基础上，自由选择达到指令所规定目标的各种环保措施。

对于水污染控制，欧盟委员会于2000年10月23日在整合现有的法律法规的基础上，颁布了《欧盟水框架指令》。该指令基于最佳实践并为未来水环境的可持续管理构筑了平台，其核心是流域综合管理。指令制定了环境质量目标，关注环境结果而非过程本身，并不规定达到目标的任务、要求和途径，而是把实施责任和达标途径选择权全部赋予成员国。

对于大气污染控制，与水污染控制类似，欧盟委员会仅提出空气质量控制目标，具体行动由各成员国自行决定。2008年欧盟理事会和欧洲议会联合批准《欧洲环境空气质量与清洁空气指令》，规定了各类大气污染物的浓度限值，限期要求各成员国空气质量达标，对于逾期未达标的国家限期整改和罚款。

在英国，主要是遵照欧盟许可证要求实施的许可证制度，称为环境许可证制度，废水、废气污染源的许可证规定是合在一起的，具体的要求在《环境许可证（英格兰和威尔士）条例》中进行了规定。

在德国，除了遵照欧盟许可证的要求，还增加部分额外规定。

在瑞典，环境许可证制度是瑞典环境法中最重要且行之有效的环境法律制度，可以说是其环境法的支柱。该制度被规定于《环境保护法》和其他许多法律文件中。

在法国，《环境法典》中规定有可能对附近地区、居民健康、安全、公共卫生、农业、自然环境保护、景点或古迹的保持和维护造成严重危害或妨害的设施必须申请许可证。

（3）监督检查是排污许可证制度实施效果的重要保障

排污许可证是政府部门对持证单位进行管理的依据，具有很强的法律效力。为了保证执法的合法性和确定性，对排污单位的管理要求就必须“可

测量（Measurement）、可报告（Reporting）、可核查（Verification），即 MRV”。

排污许可证制度能够发挥污染源监管的作用很重要的一个因素是真正实现了 MRV 的要求，而监督检查是 MRV 非常重要的环节。通过对持证单位相关内容的监督检查，判定持证单位是否按证排污，对于未按证排污的单位进行相应的处罚，这是排污许可证制度有效实施的重要保障。离开有效的监督检查，排污许可证制度中“许可的内容”就形同虚设了。

以美国排污许可制度为例，美国许可证的监督机制分为三个层次：联邦对州的监督；州机构对持有许可证的点源的监督；点源的自我监督以及非营利环境保护团体为主要力量的社会监督。这种多层次、直线型的系统使监督机制严密且容易实施。同时采用证明书等强调个人法律责任的自我监督机制，以及守法援助等政策对守法者提供激励措施，从而提高许可证的执行效果，降低监督成本。

联邦或州管理机构所进行的旨在查明持证单位对许可证执行情况的所有活动，统称为达标监测。达标监测的主要功能是对许可证的达标情况进行证实，包括排放限值和执行进程。达标监测由监督审查和现场调查两部分组成。监督审查是对所有书面报告和其他与持证单位的执行情况有关的材料进行审查。现场调查是指在现场进行的、可用于判定许可证执行情况的活动。为了强化对现场检查的指导，美国发布了专门的《NPDES 达标检查手册》。

（4）污染源监测是监督检查的重要组成部分和基础

监测是监督检查的重要组成部分，是 MRV 的具体体现。

第一，监测是测量的主要方式。管理机构掌握企业排放状况，获取企业排放数据，离不开监测。监测的内容可以有很多，最核心的是流量和浓度的监测，以及根据流量和浓度监测结果而得到的排放量计算结果。当然，除了末端排放状况的采样和分析测试，监测还可以包括对企业运行状况的监测，如对企业原辅用料或产品情况的监测，以及对企业生产和污染治理重要环节的运行参数进行监测等。

第二，监测数据是报告的主要内容。企业报告自身排放状况，或者对排污许可证的遵守情况，监测数据是其中最重要的内容，也包括根据监测数据对自身排污状况的评价，如美国废气固定源的运行许可证中的污染源守法证明报告。

第三，监测是监督检查的重要手段，监测数据是监督检查的主要依据。许可证管理机构对持证单位进行监督检查时，监测是其中一项重要的手段，通过采样分析等检查企业自行监测实施情况或污染治理状况。除了采取具体监测活动，核查企业自行监测数据是许可证管理机构对持证单位检查的重要内容。日常检查中，许可证管理机构主要是通过对企业上报的自行监测数据进行检查来实现对企业的监督检查。

1.1.2 我国拟建立以排污许可制度为核心的固定污染源精细化排放监管制度体系

我国排污许可证制度自 20 世纪 80 年代作为“新五项”环境管理政策提出，但在全国并未统一实施，各地做法也不尽相同。

2015 年 12 月 4—5 日，环境保护部陈吉宁部长在排污许可制度国际研讨会上指出，中国实施排污许可制度还存在许多制度缺陷与技术难点，有必要在学习借鉴国际经验的基础上，进一步整合衔接现行各项管理制度、优化行政许可、强化事中事后监管，实行排污许可“一证式”管理，将排污许可建设成为固定点源环境管理的核心制度，形成系统完整、权责清晰、监管有效的污染源管理新格局，从而提升环境治理能力和管理水平，促进环境质量改善。

对于排污许可制度顶层设计，陈吉宁部长指出，其中一项重要的基本原则是，明晰各方责任、强化监管。切实落实企业诚信和守法主体责任，推动企业从被动治理转变为主动防范；强化政府事中事后监管责任，督促企业严格遵守许可规定。同时，大力推进信息公开，畅通信息渠道，充分发挥社会组织和公众的参与和监督作用。

实施排污许可制度其中一个重要的目标是实现固定污染源的精细化管理。通过向排污单位发放排污许可证，将分散的环境管理要求在具体的排放源层面进行整合，将原则性的管理要求在源层面细化和明确化，把粗放式的管理转变为具体化、精细化的管理要求。

1.1.3 我国固定污染源排放监管经验为排污许可实施监督管理技术研究奠定基础

我国当前在环境监管执法、污染源监测监督检查、排污总量核查核算等方面积累了一定的固定污染源排放监管经验。这为本书开展研究提供了一定的基础条件。

2010—2011 年，环境监察部门发布了《制浆造纸行业现场环境监察指南（试行）》《味精行业现场环境监察指南（试行）》《铅蓄电池行业现场环境监察指南（试行）》《焦化行业现场环境监察指南（试行）》共 4 项现场环境监察指南，这些指南是对现场检查的指导，偏重于对企业日常生产操作层面的检查，但难以满足排污许可制度偏重于基于企业自证守法的监督检查的需要。

为了支撑主要污染物总量减排的实施，“十一五”以来，我国强化了对国控重点污染源的监督性监测。为了加强对监督性监测数据的质量控制，中国环境监测总站研究制定了《污染源自动监测设备比对监测技术规定》《国家重点监控企业污染源监督性监测质量核查办法》等技术文件，为我国开展的国控重点污染源比对监测与质量核查提供了技术支撑。这两项技术文件为开展企业监测数据质量控制，对企业自证守法情况进行监管检查有一定借鉴价值，但还应该针对排污单位自证守法的特点开展研究，形成系统的技术成果。

“十一五”“十二五”期间，为了支撑主要污染物总量减排制度的实施，环境保护部研究发布了《主要污染物总量减排核查核算细则》，该细则针对四项主要污染物对企业监督检查内容和方法有较为细致的规定，尤其针对重点行业，从支撑主要污染物排放量核算的角度，有一些较为细致的监督检查技术方法。

1.1.4 排污许可制度对固定污染源排放监督管理技术提出更高要求

根据国际经验，完善的、系统的、精细的证后监管是排污许可制度实施效果的重要保障。对排污许可制度实施情况的监督检查涉及面广，且包括很多技术性强的内容，需要有专门的技术指南，统一检查内容和检查方式，提高检查的确定性和一致性。

尽管我国已经积累了一些固定污染源排放监管支撑技术，然而与排污许可制度的精细化管理需要尚存在较大差距。

首先，排污许可制度实施监督管理要能够支撑是否依证排污的判定。排污许可证对排污单位排放行为的规定是全面的、确定的，不仅限于排放浓度或排放量限值，也包括污染治理设施运行管理，还包括对用于支撑判定排放浓度和排放量是否依证排污的基础数据等，这样的体系需要监督管理技术是系统性的，而非独立的、零散的，这是现有的监管支撑技术所难以达到的。

其次，排污许可制度实施监督管理技术要适应以排污单位自证守法为基础的管理模式。以往的固定污染源监管多以管理部门提供排污单位排放状况为主，如监测以监督性监测为主，排污单位自行监测严重不足。排污许可制度与以往管理制度很大的不同在于以排污单位自证守法为主，排污单位要开展自行监测，记录能够证明其排污状况的相关信息，管理部门要基于企业提供的相关信息开展监管，那么对企业提供的信息进行核查就尤为关键，这就需要有配套的技术做支撑。

最后，排污许可制度中实施监督管理体系中上级对下级的监督、公众对政府及企业的监督都不能缺位，要有相应的配套技术做支撑。

1.2 排污许可证制度实施监督管理理论研究进展

1.2.1 环境外部性理论

外部性理论的提出可以追溯到亚当·斯密，其核心内容为企业或个体在追求自我利益时，同时促进或损害社会利益。西奇威克对外部性理论的提出功不可没，他认为经济活动中的个体与社会之间的成本和收益存在差异，需要政府进行干涉，以解决经济活动中的外部性问题。马歇尔首创了"外部经济"和"内部经济"这一相对概念。福利经济学创始人庇古通过边际的概念指出私人边际成本与社会边际效益之间往往并不对等。

外部性理论应用在环境管理中体现在对环境污染外部性的内部化。污染排放控制政策的制定和实施就是实现内部化的过程。这个过程包括内部化决策、目标的制定和管理机构的确定、内部化的手段选择、管理对象及范围的确定、决策执行机构及其管理机制的实施等。

工业污染物排放的外部性是对厂界外的负面影响，针对具体工业固定源制定排放标准的过程即是确定外部性内部化边界的过程。这就意味着排放标准不仅仅是基于技术水平制定的排放限值，而是在技术水平条件下，基于经济和环境因素，内部化工业污染物排放外部性的机制。而技术、经济、环境三方面看似矛盾，却是博弈的统一体。因此，外部性理论是如何确定最优化的排放标准水平的重要分析工具，是支撑整个制度设计研究最为关键的理论基础。

1.2.2 制度分析和发展框架

公共政策的分析和设计涉及不同社会问题和专业领域，决定了公共政策的分析和制定需要进行多学科交叉，而制度分析和发展框架（IAD）正是基于这样的理念形成的。Ostrom 指出，制度是被广泛认知和遵守的，通过重复的社会规则、规范或战略，引导和刺激人为活动。由于制度的抽象性，需要通过理念上的沟通，参与规则的概念交流。在现实中，没有单一的规律和原则能够解决所有的问题，因为人类本身就是在复杂的社会情况下相互影响的群体。

制度分析和发展框架被认为是系统和有组织的认知与设计政策的分析方法组合，其提供了一个整合不同干系人责任和利益机制的思路，包括谁直接参与到政策设计之中、谁更加在乎政策的产出等。制度分析和发展框架能够帮助分析者理解复杂的社会情况，从而减少或避免由于分析者或者是其他的干系人在认知政策中的夸大或者简化视角，防止政策失误。

确定政策问题之后，对政策的分析集中政策执行的情况，个体及组织的规律性行为模式。首先需要分解确定在政策进程中能够影响个体和组织的行为要素，主要包括社会经济环境、干系人价值偏好和社会管理规则。在经过执行过程之后，形成固定的交互影响模式以及政策的产出。

1.2.3 机制设计理论

在公共政策领域，机制影响着干系人行为选择的方式和社会互动过程中的动态利益格局，机制无法独立存在，其是依靠制度的建立而形成的，没有制度就没有机制，机制是制度的关键组成部分。机制设计就是为了实现政策目标而进行的科学、规范的规则体系的设计。

机制设计理论是研究在市场失灵的情况下选择合适的诱导机制和激励机制，来解决个人或经济单位之间的利益冲突问题，实现资源的有效配置。里奥尼德·赫维茨最早提出了机制设计理论，他认为供给公共产品，在严重信息不对称情况下，任何干系人都会选择隐瞒真实信息来获取更大的收益，导致资源配置的帕累托最优难以实现。为保证制度框架下干系人的利益与政策设计的目标相一致，需要解决信息效率和激励相容。信息效率是指为达到制度目标所需要的信息量，即机制运行的成本；激励相容是指存在某种制度安排，在追求个人利益的同时，与社会利益最大化的目标相吻合。

可见，机制设计的目的是在制度目标基础上、信息不对称情况下，试图选择有效机制使个体利益与社会利益之间达到平衡。这与固定源排放控制技术、污染源排放等信息分散，管理制度追求边际社会污控成本等于边际社会环境收益是一致的。机制设计理论是本课题制度设计中信息机制、制定修订决策机制、监督核查和资金机制的理论依据。不仅注重构建完善的信息机制，保证全面信息，同时依赖制定和修订决策机制实现激励相容。

1.3 固定源排放监督管理研究综述

1.3.1 企业守法监测文献主要为识别问题，制度建议系统性不强

《排污许可证管理暂行规定》《排污许可管理办法（试行）》明确排污单位需要按排污许可证规定的监测点位、监测因子、监测频次和相关监测技术规范开展自行监测并公开。并按规范进行台账记录，主要内容包括生产信息、燃料、原辅材料使用情况、污染防治设施运行记录、监测数据等。自行监测方案指南也在不断推动、指导企业进行守法监测，监测方案内容包括单位基本情况、监测点位、监测指标、监测频次、采样方法、监测分析方法、质量保证与质量控制等。

大型固定源现有管理水平能够基本满足排污许可证管理的需要，但总体来说，我国企业的自行监测能力还比较欠缺，自行监测率较低。除了少数大型企业建设有通过计量认证的监测实验室外，绝大部分中小企业的手工监测手段都比较落后，难以保证监测数据质量。虽然社会化环境监测机构可以作为企业环境监测部门的重要补充甚至替代力量，但是社会化监测目前仍缺乏强有力的行政许可和行政监管。企业普遍缺乏专业监测技术人员，缺乏专业的技术指导和技术培训，使得监测技术现状参差不齐。同时，企业守法监测、台账记录、监测数据上报形式，管理要求和异常数据处理问题目前研究还不成体系，需要进行制度建设和技术规范的制定。

1.3.2 政府层级间权责认知不清，仍缺乏对垂直管理制度改革现状关注的文献

根据委托代理理论及公共物品理论，环境监管是政府的重要职责，政府应该为该项职责承担相应的法律责任。鉴于地方政府在环境监管中的主导地位，地方政府理应成为承担环境法律责任的主体。安志蓉通过博弈模型的构建，认为中央政府有关主管部门的职能更多地体现在完善国家环境保护方面的法律法规建设，建立健全相应的规章制度，使得地方政府的环境保护工作有法可依，使违规排污企业受到法律的严惩。地方政府作为一个处于中间地位的执法者与利益相关者，既要支持企业的正常经营行为，也要监督和指导企业的环境治污活动，加大执法力度，做到有法必依。但是，由于地方利益、职务晋升等原因导致了地方政府对环境问题的轻视。同时，地方政府相对中央政府具备信息优势，在实际的政策执行过程中有向使地方利益最大化方向发展的倾向，这种倾向会随着信息不对称程度的加深而加剧。所以，中央环保主管部门有必要对地方环保主管部门的执法进行监督，并将监督建立在信息公开、依据充分的基础上，以降低或消除由于信息不对称而导致的政策执行偏差。

政府监管的关键在于认真对待正当行政程序，通过政府环境信息公开程序、告知义务、说明理由义务、听证程序等程序克服政府权力的滥用。同时上级机构对下级机构的考核也有重要意义，加大对政府监管失职的处罚应具有积极效果，增加政府环境考核绩效力度。国家生态环境主管机关应出台排污许可证守法导则，守法导则能够促进行政机关与企业的良性互动，提高企业环境治理的实效。

1.3.3 企业守法执法应与激励并重，但现有研究建议可操作性不强

排污许可证界定的是企业守法的边界，许可证的监督管理对于企业主要有两方面的责任，首先是企业守法，守法上报是将企业监管放在阳光下，降低政府和企业“合谋”的概率，促进政府和企业良性互动，又能提高政

府规制的效率。其次是社会责任，企业公开环境信息行为，有助于加强公众对企业环境行为是否合法、守法的监督，有助于政府掌握、调控、引导企业的行为。

排污企业通常是以营利为目的的，出于对利润最大化的追求，由于污染治理需要投入相当的成本，缺乏激励或激励不当的情况下，企业没有足够的动机进行污染治理。由于企业具备较强的信息优势，为规避管制，尤其在信息机制不完善或者违法成本较低的情况下，企业甚至会利用其所具有的信息优势在信息传递的过程中故意扭曲信息，妨碍政府执法。由此看来，企业守法排污的动机在很大程度上受到政府规制手段及内部化程度的影响。一方面，固定源污染排放的负外部性以及排污权的有限、特许的特征，决定了对固定源排污行为的管制须以命令控制型手段为基础；另一方面，固定源污染外部性内部化程度应基于技术经济现实水平及发展潜力，在衡量管理成本有效的基础上确定，通过规范排污监测与信息公开降低或减弱企业的信息优势，同时，完善处罚机制，以“罚没违法收益”为原则对企业违法排污行为进行处罚，为政策的有效执行提供保障。

1.3.4 公众参与虽受重视，但现有研究仍未系统论证参与机制

环境公众参与制度是不同社会主体存在利益冲突时的公平解决机制，是程序正义的有效实现方式。目前，环境公众参与已经深入我国公众日常生活的各个领域，从形式上可分为公众环境权益维护、公众参与环境监督管理、公众参与环境决策、公众自身环保行动四个方面。然而，我国环境公众参与制度立法的有关规定不具有针对性和可操作性，在法律制度的构建上相当粗糙，对于责任主体和责任内容方面的规定寥寥无几，导致环境公众参与的主体有限、程度不深。

对公众参与往往认为是受制于公众环境知识的欠缺，但这种思维是片面的。环境政策的制定与实施本质是对稀缺的环境资源的多次分配，虽然环境问题涉及环境科学背景，但也要遵从社会在不同时期所进行的价值选择。这种价值选择就不能仅依靠行政权力或专业知识可以厘定，更需要利

害相关的社会公众的广泛参与。信息沟通的不通畅以及故意阻碍信息流通的渠道会导致污染源周边民众的利益受到巨大的损害。普通公众的参与如果没有合适的参与方式，则其诉求很可能被人为排斥在政府及污染源之外。务实的态度是修正环境公众参与制度的价值预设，从保障环境民主的基本立场出发，综合借鉴协商民主理论发展与设计的多种程序机制，以实现环境公众参与制度的更新。

在参与手段上，研究指出，环境公益诉讼是公众参与的有效方式之一，环境公益诉讼应当构成环境行政执法的有效补充。需要通过环境公益诉讼的方式维护和保障公众参与权，更需要通过环境公益诉讼的方式实现公众对环境监督管理的有效参与。另外，非政府组织（NGO）的环境监管模式更是受到普遍认同，环境民间组织在国内和国际舞台上发挥着巨大的环境监管功能。可见，公众参与需要依靠完善社会团体管理制度，我国社会团体的生存状况不佳，在设立、行动及诉讼资格等方面仍面临诸多限制。综合来看，第三方监管模式在环境监管中的运行，无论是在理论还是在实践上都并不成熟，有待于理论的深化和实践的发展。需要培养居民环境治理多中心和居民核心主体意识，有效发挥居民环境治理的主体作用。

在制度建设期间，信息公开和信息沟通的渠道建设更加重要。依据对固定源排放许可证信息的记录、报告和公开，公众能够更加直接和有针对性地了解周边的污染源，社会团体能够有效地实施监督；污染源排放及守法的申报信息的共享，可以降低政府部门的行政成本，也对科研机构提供数据资料便利。信息公开也便于排污者之间的相互监督，变政府与排污者之间的单一博弈为政府和排污者之间以及众多排污者之间的共同博弈。排污者之间博弈的发生必然会降低政府的监督成本，并有利于提高守法率。目前我国公众参与的形式比较有限，由网络公开释放的民意往往是松散的和没有实际效力的，而书信等较为落后的反馈形式也逐渐不被采纳，电话的参与形式虽然长期存在，但是相互之间沟通的匮乏也起不到明显的作用。如何为适合的信息提供方建立合适的参与机制是问题的关键。

第2章

美国排污许可证实施的监督管理体系介绍

2.1　大气固定源运行许可制度

运行许可制度（Operating Permits）的建立是美国 1990 年《清洁空气法》修正案的革新和突破。该制度适用于空气污染源运行过程中排污行为的管理，所有受控设施在运行前必须取得许可证。对于已经获得新污染源审查许可证或防止重大恶化许可证的新污染源，在未获得运行许可证之前，亦不得开工运行。本研究主要关注运行许可证的发证后企业守法、政府监管和公众监督内容。美国的管理体制与我国有较大的差别，在企业社会责任、守法意识上也存在差距，公众监督的水平和痛点也存在差异，因此，美国大气固定源排污许可证制度值得借鉴，但是证后监督与管理方面需要考虑国情因素，不能照搬。由于美国运行许可制度主要依靠州政府实施推行，政府核查、公众监督部分主要以加利福尼亚州的经验为主。运行许可证制度从建立、批准、申请、发放到审查需要经历多个政策过程，涉及机构层面包括美国国家环境保护局、联邦区域办公室、州和地方空气质量管理区。

2.1.1　管理职责分工

2.1.1.1　美国国家环境保护局

美国国家环境保护局按照《清洁空气法》和《美国联邦行政法规》制定运行许可证制度基本要求，要求各州按照最低要求建立本州的运行许可证制度，并对其进行审批。只有通过美国国家环境保护局批准的许可证制度才可以实施，州政府只有在取得联邦授权后才能向其所辖范围内的排污单位发放许可证。对于尚未建立本州运行许可证制度或许可证制度尚未得到美国国家环境保护局批准的州，则由美国国家环境保护局负责签发运行许可证。

通常，在许可证申请和实施的过程中，美国国家环境保护局并不直接干预，但对各州实施的许可证制度负有监督的责任。州政府需向美国国家环境保护局提交所有许可证的申请文件、拟发放的许可证草案和最终发放的许可证的副本以供审查。美国国家环境保护局有权否决不符合相关要求的许可证，州政府不得发放被美国国家环境保护局否决的许可证。也就是说，不仅在许可证申请阶段，即使在许可证正式发放之后，美国国家环境保护局仍然保留其提出异议并要求修改的权利。图 2-1 为美国国家环境保护局在运行许可证制度的政策过程中所承担的职责，部分职责由联邦区域办公室负责。

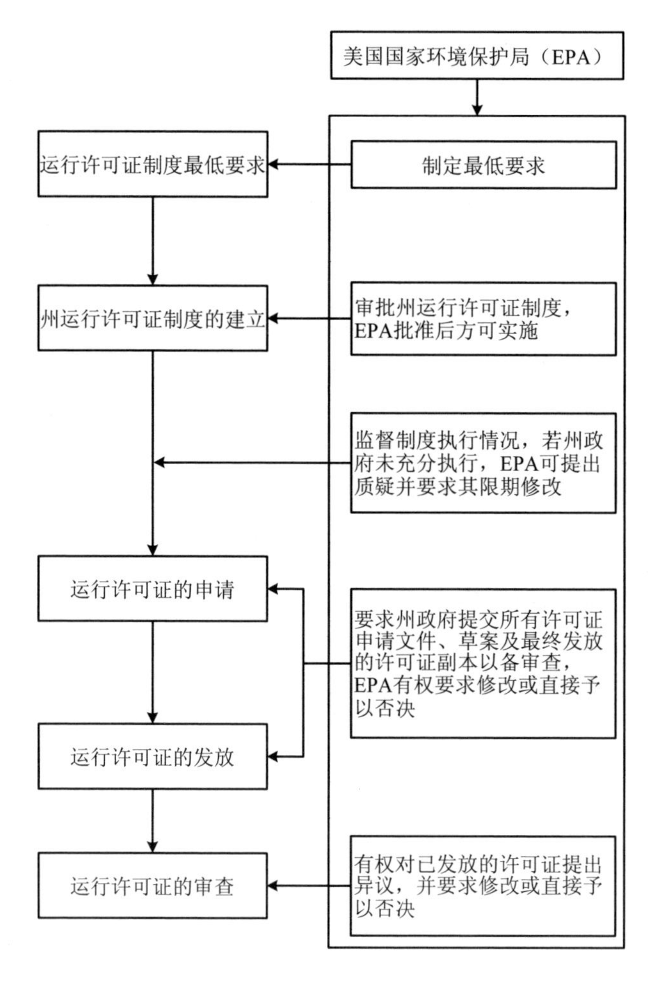

图 2-1　美国国家环境保护局在运行许可证制度政策过程中所承担的职责

2.1.1.2　联邦区域办公室

联邦区域办公室属于中央机构，按照地理条件和经济发展水平划分，不同区域间的界限通常与州行政界限一致，一个区域办公室分管几个州的环境事务。联邦区域办公室不仅负责审查所管辖区域内各州制订的包含运行许可证制度在内的州实施计划，还负责定期审查已经批准并施行的各项计划；同时，各州拟发放的许可证草案需提交区域办公室有关部门审查和评估；此外，许可证制度所要求的监测记录和报告均由区域办公室负责审核，见图 2-2。

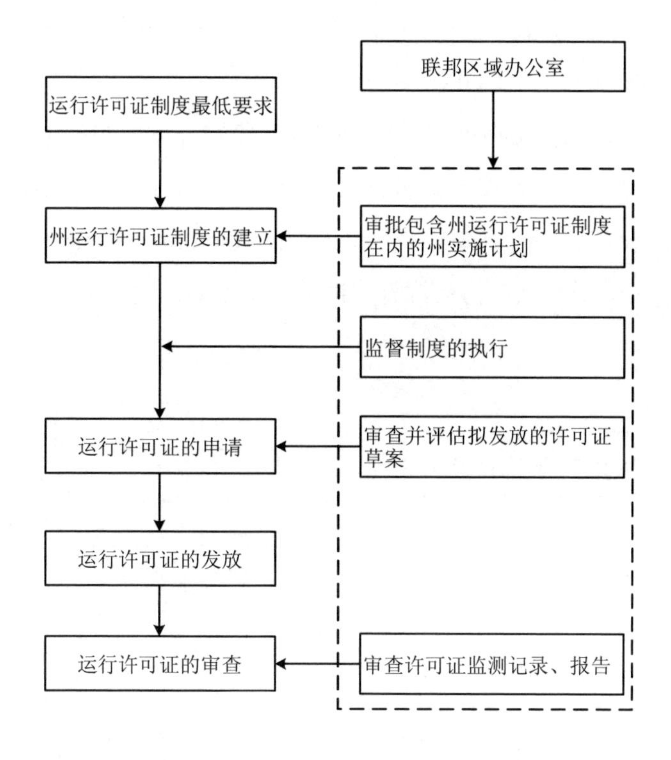

图 2-2　联邦区域办公室在运行许可证制度政策过程中所承担的职责

2.1.1.3　州环保局

州政府是执行运行许可证制度的主体。在《清洁空气法》的规定下，州政府依据美国国家环境保护局制定的运行许可证最低要求建立本州自己的运行许可证制度。该制度必须满足美国国家环境保护局提出的基本要求，在这一前提下，各州可根据本州的实际情况，制定更为严格或补充制定其他条款。但各州实施运行许可证的管理部门并不完全相同，这是由于各州的环保局组织机构设置存在很大的差异。如美国历史上最早通过清洁空气法的加利福尼亚州，其环保局共设 5 个部门，分管空气、水、固废等不同环境问题，其中负责运行许可证的是空气资源委员会（Air Resources Board）；而其他很多州并没有成立专门管理空气污染的部门，很多州只成立了一个综合性的州环保局分管许可证制度的执行，如密歇根州的环境质量部（Department of Environmental Quality），纽约州的州环境保护局（State Department of Environmental Conservation）。

实际上，管理固定污染源污染物排放并核发许可证的工作是由加利福尼亚州基于空气流域的概念划分的 35 个空气污染控制区（Air Pollution Control District）及空气质量管理区（Air Pollution Management District）负责，空气资源委员会固定污染源管理部的职责主要是对其进行指导和监督，见图 2-3。

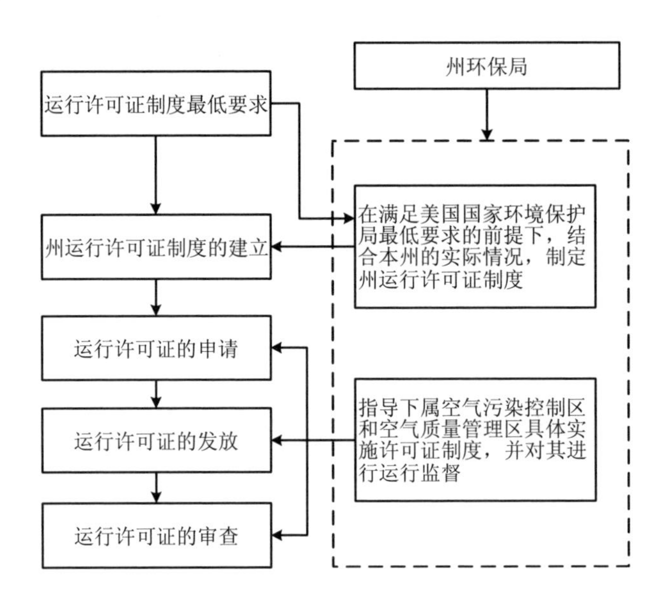

图 2-3　州环保局在运行许可证制度政策过程中所承担的职责

2.1.1.4　地方环境保护部门

本节以加利福尼亚州的地方空气管理区为例，介绍地方环境保护部门在运行许可证制度实施过程中所承担的职责。

（1）地方空气管理区许可证管理职责概述

如前所述，加利福尼亚州的地方环境保护部门与其他各州一样，也是按照空气流域的概念将本州划分为 35 个空气污染控制区或空气质量管理区（以下简称地方空气管理区），这些部门是实施州运行许可证制度的直接机构，是授权发放许可证的政府部门。地方空气管理区根据《清洁空气法》、州空气污染控制相关法律法规以及经美国国家环境保护局批准的州实施计划和州运行许可证制度，制定当地的许可证管理条例（图 2-4）。因此，各地方执行的运行许可证项目从申请、审批到最终发放会存在一定的差异，但前提是满足联邦和州许可证制度的最低要求。排污企业按照其所在地的空气管理区要求提交许可证申请表及相关材料，地方空气管理区通过审核排污企业是否遵守了当地的许可证管理条例以决定是否发放运行许可证。在这一阶段，地方空气管理区会直接或委托第三方污染源测试公司对排污企业进行污染物达标测试，为是否发放运行许可证提供企业守法依据。如果排污企业的申请材料或许可条件不符合相关条例要求，其所属地方空气管理区有权拒绝发放许可证。在这种情形下，排污企业可在被拒绝发放许可证通知公告之日起 10 天内上诉当地听证委员会要求复议。对于批准发放许可证的排污企业，在许可证正式发放后，若发生：①持证人在 1 年内未运行相关设施的；②听证会召开后持证人违反许可证条款运行的；③当联邦或州修改相关法规及标准，但许可证因未及时更新而导致违法的[①]，地方空气管理区都有权废止该许可证。

---

① California Environmental Protection Agency Air Resources Board.Air Districts（APCD OR AQMD）Operating Permits[EB/OL]. http：//www.arb.ca.gov/permits/airdisop.htm.

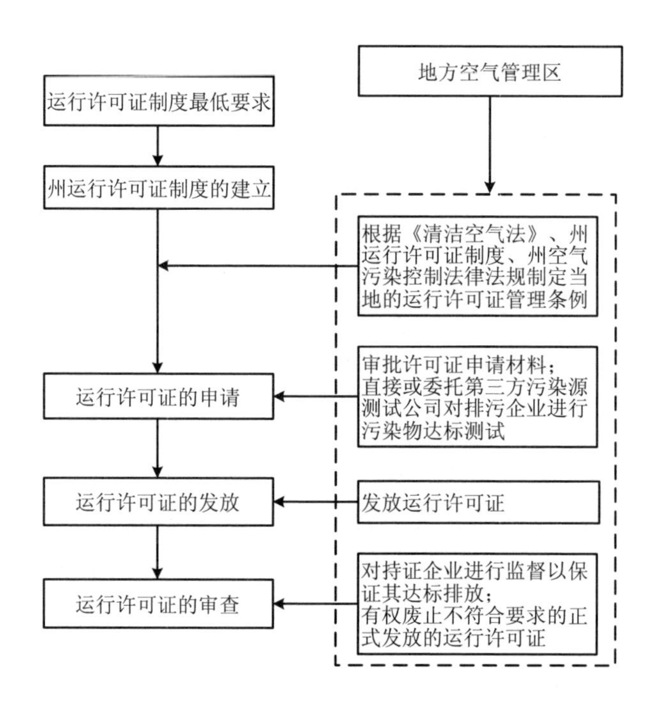

图 2-4　地方空气管理区在运行许可证制度政策过程中所承担的职责

（2）南海岸空气质量管理区

加利福尼亚州南海岸空气质量管理区（South Coast Air Quality Management District，SCAQMD）是 1977 年成立的地方空气质量管理机构，主要任务是在联邦、州和地区空气污染法律和标准的指导下控制大气固定点源的污染物排放，包括发电厂、精炼厂以及生产家用油漆或涂料的厂家。

整个南海岸空气质量管理区共有工作人员 800 余人，是全美范围内技术管理水平较高、影响力较大的地方空气质量管理机构，每年的运行预算达 1 亿美元以上，这些资金主要来源于该地区的财政收入，还有部分征自排污单位的许可证费、排污费或汽车登记费，以及美国国家环境保护局和加利福尼亚州空气资源委员会的拨款、补助和其他收入。图 2-5 为南海岸空气质量管理区机构设置及其职能划分[①]。许可证制度由工程与合规办公室负责实施，该部门聘请了大量的专业工程师进行不同行业许可证的发放和管

① 资料来源：http：//www.aqmd.gov/aqmd/offices.htm.

理，管理专业化程度极高。

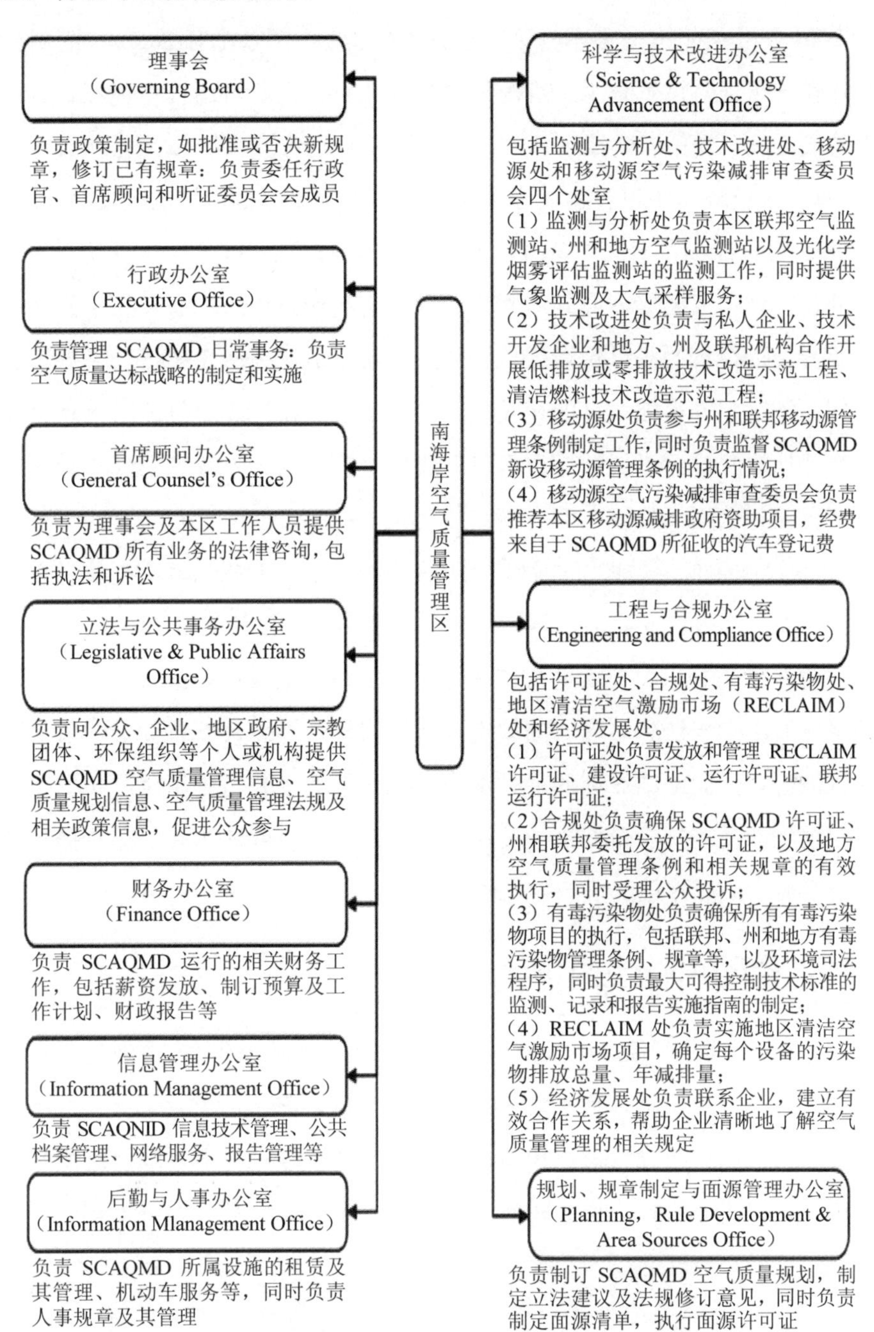

图 2-5　南海岸空气质量管理区机构设置及其职能划分

南海岸空气质量管理区的许可证项目于1997年获得暂时批准实施，并于2001年获得美国国家环境保护局的最终批准，至今已有28 400家[①]排污企业在许可证制度管理下。南海岸空气质量管理区的排污许可证项目分两个阶段实施。在第一阶段（1997年3月—2000年3月），如果排污设施在1992年或最近一年报告的实际总排污量超出主要污染源排放阈值（Major Source Threshold，MST）80%，那么该设施需要执行《清洁空气法》第五章的运行许可证制度，即须达到许可证管理的所有要求；如果排污设施能证明其最近报告的年排污量低于主要污染源排放阈值时，该排污设施可以延期三年达到许可证制度的相关要求。三年后，南海岸空气质量管理区将再次评估这些排污设施的排放资格以决定是否将其纳入该区第二阶段的许可证管理。在第二阶段，所有潜在排污量（Potential to Emit，PTE）等于MST的设施必须满足许可证管理的相关要求。那些未报告其潜在排污量的设施，如果其报告的实际总排污量超出主要污染源排放阈值的50%，也需要按照许可证的相关要求进行评估，以决定是否纳入许可证管理。当然，按照《清洁空气法》第五章的规定，排污设施若达到某些条件可申请免除许可证管理，如证明设施的最大潜在排污量低于主要污染源排放阈值，或限制设施的潜在排污量低于主要污染源排放阈值，或证明其实际总排污量低于主要污染源排放阈值的50%[②]。

2.1.2 排污单位守法监测

《清洁空气法》第114条规定："受控排污企业必须对本企业内所有污染源的排污行为及受影响区域内的环境空气质量进行监测"。为此，美国国家环境保护局对污染源监测设备的选择、安装、维修、审核以及监测方法的选择、评估等均做了明确规定，见表2-1。

---

① 资料来源：http：//www.aqmd.gov/aqmd/index.html.

② SCAQMD.Requirements for A Facility Once The Title Permit is Issued[EB/OL]. http：//www.aqmd.gov/titlev/requirements. html.

表 2-1　监测、记录和报告相关规定

<table>
<tr><th>法规条款</th><th>具体规定</th></tr>
<tr><td>40 CFR Part 70.6
监测、记录和报告</td><td>监测方法，监测设备及其安装、使用和维护，测试方法；
记录采样时间、地点、当时设施运行状况，分析监测数据的时间、公司、方法、结果，所有信息保留至少 5 年备查；
持证人需每 6 个月向管理部门提交监测记录报告，出现异常情况需及时报告</td></tr>
<tr><td>40 CFR Part 64
守法保证监测制度</td><td>要求每个“主要污染源”制订守法保证监测计划；
包含每一个特定产排污单元的监测记录和报告要求；
对监测结果的偏移进行纠正的方法；
将监测数据应用于每年的达标证明中</td></tr>
<tr><td>40 CFR Part 60
新源绩效标准</td><td rowspan="2">初始安装后初始认证检测要求；
质量保证和质量控制要求；
缺失数据补充要求</td></tr>
<tr><td>40 CFR Part 75
连续排放监测</td></tr>
</table>

（1）监测方式

监测的方式包括连续自动监测与手工监测两种。对于运行许可证制度受控污染源，除受控酸雨污染源和某些特别规定的污染源必须安装连续监测系统外，其他污染源可选择安装或只进行定期监测，但污染源所采用的定期监测方法和监测方案须能提供科学可靠的数据以判断污染源是否达标。

（2）监测内容及监测系统的一般构成

污染源监测的首要内容是污染物排放结果，其次是排污设备包括污染治理设备、生产设备在内的运行状况。同时，为控制监测结果质量，还应设置相应的测试、纠错系统，对异常数据或数据偏移情况进行纠正，保证监测结果的正确性和有效性。通常情况下，污染源监测系统通常包含以下一个或多个数据收集子系统：

- 连续排放监测系统或不透明度监测系统；
- 工艺参数连续监测系统（包括排放预测监测系统）；
- 排放量评估计算系统（如物料平衡计算系统，化学当量计算系统）；

- 燃料、原材料用量分析系统；
- 操作、维修程序记录系统；
- 排污量、工艺过程参数、采样系统参数或控制设备参数测试检验系统；
- 排污观测可视化系统；
- 其他与排污行为达标判断相关的参数测量、记录或检验系统。

（3）监测方案设计

相关法规中规定了运行许可证监测方案设计的基本要求，见表2-2。在实际操作中，排污企业须基于上述标准，根据不同污染源（case-by-case）、不同排污单元（unit-by-unit）和不同污染物（pollutant-by-pollutant）的具体情况设计合理的监测方案。

表2-2 监测方案设计要求

序号	监测方案设计要求	
1	综合标准	排放控制设备参数应能反映具体污染物排放单位控制设备的运行状况，包括实际排污量、预测排污量及其他与排放控制有关的工艺参数
		污染源所有者或运营者需要根据技术指南参考值或者自行根据相应准则确定排放控制设备参数的合理范围及对应的运行条件
		排放控制设备参数合理范围是指所有正常工况下设备运行时该参数的最大值/最小值范围，该参数范围能表征工艺过程的正常变化情况
		污染源所有者或运营者需建立各参数间对应的数值关系
2	执行标准	污染源所有者或运营者需对监测所获数据的代表性进行详细说明
		在安装或改装监测设备时，污染源所有者或运营者应遵守监测设备生产厂家的安装、校准及开关机使用要求，保证设备正常运行
		污染源所有者或运营者应根据监测设备生产厂家的安装使用要求进行质量控制
		详细说明监测频率和数据收集的步骤，尤其在发生数据偏离或数据超标，需对离散数据进行平均计算时，需详细说明原因及计算过程

序号	监测方案设计要求	
3	评价因素	为达到上述监测方案的设计要求，污染源所有者或运营者需考虑监测位点特异因素，包括现有监测设备和过程的适用性、对程序进行监测的监测设备性能及控制设备运行的变异性、控制技术的可靠性和宽容度、实际排污量与达标限值的相关程度等
4	排放连续监测系统、不透明度连续监测系统和排放预测监测系统的特殊标准	《清洁空气法》、州或地方法律要求采用排放连续监测系统（continuous emission monitoring system，CEMS）、不透明度连续监测系统（continuous opacity monitoring system，COMS）或排放预测监测系统（predictive emission monitoring system，PEMS）的受控污染源，必须按照要求采用这些监测系统
		采用这些监测系统的污染源所有者或运营者所设计的监测方案必须满足综合标准的要求
		采用这些监测系统的污染源所有者或运营者需制定超标报告方案，否则将采用本条例“执行标准”中关于偏离数据或超标数据的规定
		采用不透明度连续监测系统时，为确保颗粒物达标，污染源的所有者或运营者需按照本条例“综合标准”的规定确定排放控制设备参数及其合理范围

（4）记录要求

记录的目的是为判断污染源的守法行为提供数据依据。40 CFR Part 64《守法保证监测条例》中定义“数据”是指“所有监测手段或方法的过程及结果，包括仪器监测和非仪器监测的结果、排放计算结果、人工采样步骤、数据记录步骤，及其他形式的信息收集步骤。”具体包括：①采样或测试的时间、地点；②采样或测试过程的操作条件及原始数据；③数据分析的时间；④分析数据的公司或单位；⑤数据分析的技术或方法；⑥数据分析结果。此外，受控污染源主要设备的开停机、校准、维修、维护的时间、次数、原因，监测设备（尤其是连续监测设备）的运行状况以及所有设备发生异常或未按许可证要求运行的异常情况等信息都必须记录在案。以上所有监测数据及相关信息必须保留至少五年，以备定期报告或审查所用。

（5）报告要求

按照 40 CFR Part 70《州运行许可证制度条例》规定，监测记录报告

（report of required monitoring information）和污染源守法证明报告（compliance certification）须每6个月至少提交一次。在每一份审批通过的许可证文本中，都会对报告提交的时间、内容进行规定。通常，监测记录报告除包括常规监测信息外，如有发生违反许可证要求的事故，还应详细说明事故发生情况及原因。

污染源守法证明报告包括3个部分：①许可证规定的排放标准要求及操作规范要求；②为达到许可证要求污染源所有者或运营者采用的确保达标的监测方法或测试方法；③各项要求的守法情况证明。所有报告提交时必须有公司负责人的签字，确认报告内容的真实性、准确性和完整性。

当发生违反许可证要求的事故时，持证人须及时报告事故情况，并说明事故发生原因及采取的纠正措施或预防措施。事故报告的“及时性”由许可证管理部门根据事故类型、事故可能发生的概率及许可证相关要求进行评定。

2.1.3　政府核查

由于运行许可证制度建立了较为完善的监测、记录和报告机制，为政府核查提供了科学可靠的依据。州和地方政府是执行运行许可证制度的主体，在州运行许可证制度通过美国国家环境保护局的审批后，美国国家环境保护局授权州或地方环保局执行运行许可证制度。因此，对持证排污企业是否遵守许可证条款的核查通常由授权执行许可证制度的州或地方环保局负责，在某些情况下，也可由州或地方政府授权的代表（人）负责。

40 CFR Part 70《州运行许可证制度条例》规定，污染源所有者或运营者须“允许运行许可证授权管理人员进入污染源所在厂区或发生污染物排放的地区进行视察”、“运行许可证授权管理人员有权在任何合理时间取得或复制所有许可证条款规定记录的信息”，同时，“运行许可证授权管理人员有权在任何合理时间视察任一许可证条款要求下的设施、设备（包括监测设备和空气污染控制设备）及其他实践活动或操作”，此外，“为证明污染源是否满足许可证条款，运行许可证授权管理人员有权在任何合理时间对污染物或相关运行参数进行采样测试或监测”。从执法的角度，尽管增加核查频率对排污企业守法性提高有积极作用，但考虑到管理成本，主管部门不可能也不会频繁地对污染源进行现场核查。守法核查通常是定期进行，但并不会事先告知受控污染源所有者或运营者。当空气质量管理区收到公众投诉时，也会对被投诉的受控污染源进行额外的守法核查。守法核查的频率根据污染源性质的不同有所区别，如新建污染源或主要污染源，守法核查频率一般每两年至少一次。守法核查包括：与排污相关的报告和记录评估、污染控制设施和工艺流程状态评估、可见污染物观察、设施记录和操作日志核查、过程参数评估如进料率及原（燃）料消耗情况等、控制设施绩效参数评估。如上述方式不足以核定排放是否合规，则需要启动现场调查，进行现场测试。对于特定设施集群区域，必要时可对周界环境空气进行监测，用以筛查不合规的固定源。

以南海岸空气质量管理区为例，该区合规处负责对许可证受控污染源进行守法核查。按照守法核查的实施阶段可分为预审查、现场核查和核查结束会议三个阶段。

（1）预审查阶段（Pre-Inspection Activities）

在预审查阶段，督察员通常会对受控污染源所提交的监测报告、守法证明等文件材料进行审查，以掌握该污染源的受控排污设施、工艺、污染排放及其合法历史信息，并对该污染源所须遵守的法律法规，尤其是许可条件进行识别，确定核查事项。

（2）现场核查阶段（Inspection）

在现场核查阶段，督察员在进入排污企业时会首先出示身份证明，并告知企业相关负责人此次核查的目的、内容及核查流程，同时回答企业相关负责人关于现场核查的提问。

督察员的正式核查由企业相关负责人陪同进行。首先，督察员会检查经认可的许可证副本是否放置在受控设施附近的显著位置，同时向企业相关负责人详细了解设备的运行维护状况，记录核查的实际过程和观察结果，对企业相关负责人反映的异常情况等进行现场录音。在核查过程中，督察员还会要求企业提供生产运行记录的副本，或者进行现场采样以获取充分的排污企业守法行为判定证据。

（3）核查结束会议（Closing Conference）

核查结束时，督察员会将本次核查的结果与企业相关负责人在结束会议上进行讨论。首先，督察员对本次核查进行回顾，识别并补充守法判定所需信息；然后，在审阅该受控污染源的守法要求的基础上给出核查结果，存在违法问题时会与企业相关负责人进行讨论，合适的情况下，督察员会在结束会议上直接公布守法核查结果。此外，在结束会议上，督察员会根据本次核查所发现的违法情况或企业存在的问题为排污企业提出合理建议。随后，督察员会向本次核查的排污企业及公众公开书面核查报告，发出核查决定。对于存在违法行为的排污企业，空气质量管理区会向其公开发出行政处罚令，分为守法令（Notice to Comply，NC）和违法处罚令（Notice of Violation，NOV）两种。其中，守法令适用于违法情节较轻的情形，主要针对不存在严重违法排放情况，但许可证管理或记录报告方面存在问题的情况，如未在受控设施附近放置许可证或数据记录不完整等。当受控污染源收到守法令时，必须在两周内对其违法行为进行改正，问题得到及时解决的，空气质量管理区将不予追究，问题未得到及时解决的，空气质量管理区会向其发布违法处罚令。违法处罚令一般用于经确认存在违反空气质量管理区管理条例、许可条件或州空气污染法规的情形，收到违法处罚令的受控污染源所有者或运营者必须对其违法行为加以纠正，同时缴纳罚款或罚金。

地方空气管理局在合规监测与评估完成后，需要编写并公开合规监测评估报告，包括一般信息（如守法监测类型）、设施信息、遵守的要求、受控排污单元清单和工艺流程描述、历史合规信息、合规监测行动（如对排放单元和工艺评估）、现场调查信息、固定源对现场调查的回应、合规监测和评估期间的观察和记录信息。

根据《清洁空气法》的规定，EPA 代表有权在出示信任状后，进入固定源对任何设备、记录等进行现场执法检查。EPA 认为，现场核查最好由接受过培训、不存在利益冲突的第三方组织人员执行。现场核查使用的校准设备或气体，应当通过国家标准组织的认证。执行现场排放检查或者质量保证检查的机构，应通过 EPA 指定的资质认证。在实施现场执法检查时，EPA 现场检查人员会携带专业设备，进行质量保证现场检查，包括稽核前审查监测计划、历史数据等，现场检查监测设备和维护记录，对监测系统进行绩效检验，与固定源工作人员面谈，以此确保监测数据的质量。检查过程中需要固定源负责人员陪同协助，记录检查和监测情况，建立检查档案。排污许可证变更时可以参考检查记录，对固定源年度报告核证时，也可以参考监督与检查报告。

2.1.4　公众监督

公众监督对促进运行许可证制度的有效执行起到了非常重要的作用。在运行许可证制度的整个执行过程中，除小型污染源运行许可证的修改条款审批程序外，其他所有污染源运行许可证的各个政策过程，包括许可证的审批、发放、重要修改、更新等程序均有公示和召开公众听证会的要求。

《清洁空气法》规定，公众可以采取措施监督企业执行许可证的要求，并且鼓励对违法行为提起诉讼。在法律中明确规定了公众获得许可证信息的权利，包括许可证的内容、许可证守法的信息、政府收集的监测和企业上报的数据和信息。同时，在《清洁水法》中第 113（f）条和第 304 条款中也规定了奖励措施，鼓励公众参与。

2.2　废水点源排污许可制度

1972 年《清洁水法》中规定建立排污许可证计划，称为“国家消除污染排放制度”（National Pollutant Discharge Elimination System，NPDES）许可，主要适用于废水点源。

2.2.1 NPDES 许可证制度的定位

NPDES 许可证制度是《清洁水法》中提出的废水点源排放控制政策手段，是实现《清洁水法》中所设定的国家目标的手段和工具，是《清洁水法》中对于点源排放要求的实施载体。

1972 年《清洁水法》从恢复和维持美国水体的化学、物理、生物完整性出发，衍生出两个国家目标：在 1985 年年底实现污染物的零排放；在那些可能的水域 1983 年 7 月 1 日时达到“可以垂钓”和“可以游泳”的水质标准。事实证明，这两个目标过于宏伟，至今仍未实现，但可以从这个目标中看出 NPDES 许可证制度所承载的政策目标。

（1）污染物排放控制

针对“至 1985 年，全面停止向通航水体排放污染物”的国家目标，要求对点源排放进行控制，规定所有向通航水体排放污染物的点源都必须获得排污许可证，否则视为违法。

《清洁水法》第三章对排放标准及其实施做了详细的规定，其中关于点源的排放控制标准是对点源污染排放的直接要求，而这些要求的实施主要依靠排污许可证制度。通过在排污许可证中明确点源需要执行的排放标准类别以及相应的监测方案，并通过排放许可证制度的实施，实现对点源的排放监督，从而保证点源按照排放标准的要求进行排污。因此，排污许可证是污染物排放控制政策手段。

（2）水体水质保护

针对“1983 年 7 月 1 日，在所有可能实现的地方达到水质保护的中期目标，这一目标将有利于鱼类、水生贝类和野生生物的保护和繁殖，并有利于在水面和水中进行娱乐活动”的国家目标，需要水体达到相应的功能区要求，而仅仅从排放控制的角度出发，在某些时期或者某些地区，即便点源能够满足排放标准的要求，河流水质仍然无法满足水体功能的需求，因此，需要从水体水质保护的角度出发，确定日最大排放量，并将计算所得日最大排放量进行分配。

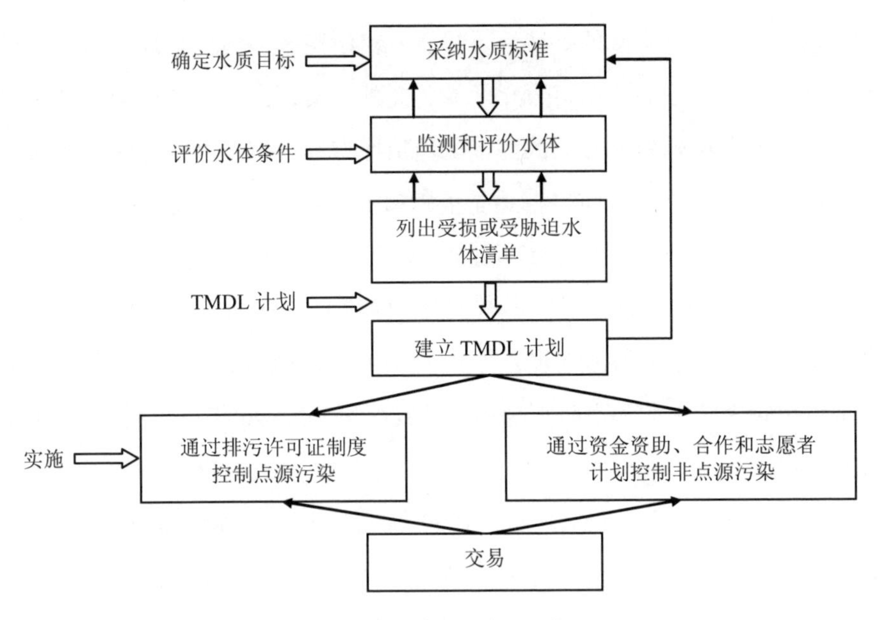

图 2-6 《清洁水法》框架

从图 2-6 中可以看出，排污许可证制度是水体水质保护的载体和工具。《清洁水法》中确定水体保护目标，并对水体进行评价，对于受损或者受胁迫水体提出保护计划，建立最大日负荷总量（Total Maximum Daily Loads，TMDL）计划，而排污许可证是最大日负荷总量计划在点源污染中实施的载体。

2.2.2 NPDES 许可证制度发展历程

1972 年，美国《清洁水法》授权美国国家环境保护局在全国实施 NPDES 许可证制度，至今已有近四十年历史。这是一个渐进的过程，在立法之后，经过 2～3 年的努力，产生了最早的许可证。之后，许可证制度随着污染物和污染源控制范围的逐渐扩大，管理程度逐渐严格，最终形成目前的美国排污许可证制度框架。

首先，颁布法律，确立许可制度的法律地位，明确许可证制度的基本框架。1972 年《清洁水法》规定建立排污许可证计划。

其次，污染物控制范围由常规污染物到包括有毒有害物质。最早的排污许可证产生于 1973 年到 1976 年，当时的许可证主要用于控制常规污染物。由于对有毒化学品的处理缺乏信息，美国国家环境保护局没有在颁布的指导方针里充分的介绍有毒化学品。此外，美国国家环境保护局没能依照法令的最后期限建立必需的污水处理指导方针。基于这些原因，美国自然资源保护委员会（NRDC）起诉了美国国家环境保护局，最终1977年《清洁水法》修正案框架中纳入有毒化学品污染物将优先被控制。

第三，污染源的管理范围逐渐扩大。1987年修订的《清洁水法》，对工业和市政暴雨排放也做出许可证要求（称为暴雨计划第I阶段），主要针对排放规模较大的工业和市政点源暴雨排放。20世纪90年代中期，将7 000头牲畜以上的养殖单位作为点源进行管理，必须获得NPDES许可证，集中的水产养殖同样需要获得许可证。1999年12月颁布的暴雨排放规则规定，符合一定要求的与工业活动有关的暴雨排放、建筑场所暴雨排放和市政暴雨排放设施必须在2003年3月10日前申请许可证，其目的是减轻或预防来自暴雨排放设施的污染物进入水体（称为暴雨计划第II阶段）。

第四，管理程度逐渐严格。1972年《清洁水法》要求州、领地和部族将受污染的水体按优先治理顺序列成水体清单。清单内容包括受污染或受污染威胁的水体名称、主要污染物、污染程度、污染范围等，并针对这些水体制订最大日负荷总量计划。但最初并没有得到很好的实施，直到基于技术确定排放限值的排污许可证制度发展逐步成熟，美国国家环境保护局才开始更加重视TMDL。美国国家环境保护局在1999年8月起草了TMDL的新法则，并于2000年7月13日颁布。

2.2.3 NPDES许可证实施范围

任何向联邦水体排放污染物的点源均需获得NPDES许可证。为了进一步理解NPDES许可证的实施范围，以下对许可证、污染物、联邦水体、点源等术语进行更加明确的解释。

（1）许可证

许可证是由政府发给一个人（或一些人）的允许他（们）做某些事情的执照，未获得执照做这些事情将视为违法。NPDES许可证是发给在特定条件下向受纳水体排放一定数量污染物的排污设备的执照，但 NPDES 许可证也可以要求排污设施处理、焚烧、填埋、合理利用生物固体（污泥）。获得许可证并不是排污者的一项权利，在排污者未达到许可证规定条件等情况下，许可证可以被收回。

NPDES 许可证制度下的许可证，并不是只有一种类型，它包括一般市政污水和工业废水排放许可、预处理系统排放许可、联邦设备污水排放许可、一般许可、污泥许可等 5 种类型的许可，他们共同组成了 NPDES 许可体系。一般所说排污许可证主要是指第一类，这也是本书关注的重点。

（2）污染物

NPDES 的规章中对污染物的定义范围很广，包括排放至水中的任何类型的工业、市政、农业废弃物（包括热）。为了规范管理，NPDES 将污染物分为三类：常规污染物、有毒污染物、非常规污染物。

常规污染物，包括 5 种：五日生化需氧量（BOD_5）、总悬浮固体（TSS）、粪大肠菌群、pH、油和油脂。

有毒污染物，按照《清洁水法》相关规定列出的有毒物质目录，其中包括 126 种重金属和人造有机化合物。

非常规污染物，指无法归类到上述两种类别的污染物，包括氨、氮、磷、化学需氧量（COD）、污水综合毒性（WET）等。

之所以将污染物分为这三类，是因为不同类别的污染物的监管要求有所差异，如排放限值的确定原则是不同的，这在下文将具体介绍。

（3）联邦水体

包括航行水域、航行水域的支流、州际水域、州内的湖泊、河流、溪流等。可以说涵盖美国所有的地表水体，包括湿地和季节性河流。一般来讲，联邦水体不包括地下水。因此，向地下水排污不在 NPDES 的管辖范围内。但如果向地下水排污的区域与附近地表水体有“水文连接”，主管部门将要求排污者申请 NPDES 许可证。

（4）点源

NPDES 许可管制的是点源，包括市政污水处理厂（POTW）、工业源、城市径流排放等，也包括 NPDES 条款中特别注明的某些具体类型的农业活动（如集中的畜禽养殖场）。

按照污染源向天然水体排放污染物的方式将污染源分为直接源和间接源。直接源是指向水体直接排放废水的污染源，又进一步分为市政源和直接排放非市政源（工业、商业、畜牧业等）。间接源是指将废水排向 POTW，然后由 POTW 排向天然水体，包括间接排放的工业和商业污染源。NPDES 主要关注直接源，间接源尽管也属于 NPDES 许可证制度下管辖的一部分，但发放许可证的机构和发放的许可证类别都与直接源不同。

2.2.4 不同污染源管理模式

NPDES 许可作为一项综合性的管理制度，包含着非常广泛的内容，根据管理对象的特点，可以细分为很多管理内容。不同污染源的许可证管理模式也有所差异。按照上文所述，NPDES 许可制度下的污染源分为三类：市政源、直接排放的非市政源、间接排放的非市政源。NPDES 许可证制度对这三类污染源的管理框架见图 2-7。

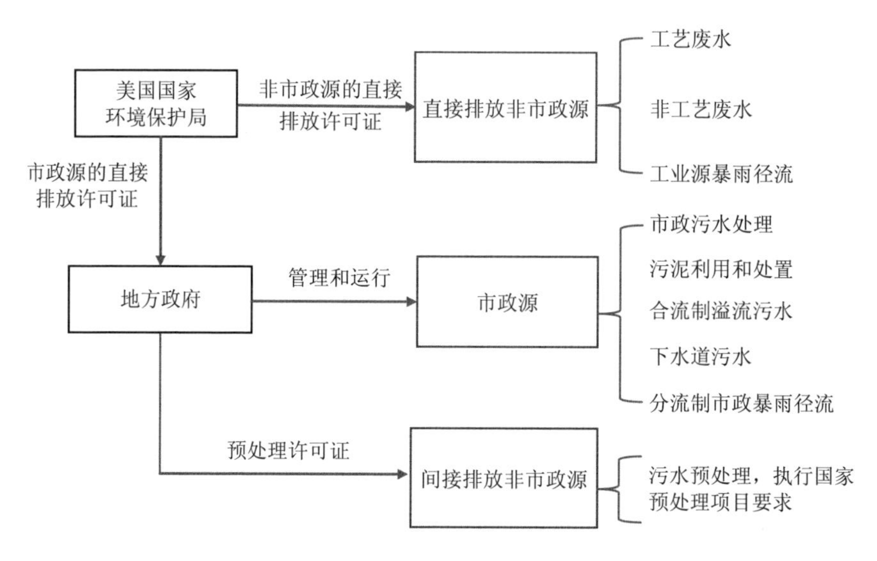

图 2-7 NPDES 许可证管理框架

（1）直接排放非市政源

直接排放非市政源的排污许可证是由美国国家环境保护局发给企业的，当然在具体操作上可以由美国国家环境保护局委托州政府来实施，但该许可证的最终管理权属于美国国家环境保护局，这将在下文进一步阐述。对于直接排放的非市政源，管理内容包括以下方面：工艺废水、非工艺废水、工业源暴雨径流控制。

（2）市政源

市政源的排污许可证是由美国国家环境保护局直接发给地方政府的，因为市政源归属于地方政府，由地方政府进行管理运营。美国国家环境保护局发给地方政府排污许可证，地方政府需要通过对市政源进行管理，以达到排污许可证的要求。市政源包括市政污水处理厂（POTW）、生化污泥、合流制下水道溢流污水（Combined Sewer Overflows，CSOs）、下水道污水（SSOs）、分流制市政暴雨径流（MS4s）等。

1）市政污水处理厂的污水排放。市政污水处理厂包括所有用于存储、处理、回收、再生城市污水或工业废水的设备和系统，也包括下水道、管道或其他向污水处理厂转运废水的工具。管辖市政污水处理厂的地方政府同时拥有管辖向污水处理厂排放污水的间接排放源和市政污水处理厂的污水排放的权力。其中，联邦的污水处理厂、私人所有的污水处理厂或其他不属于州或市政所属的污水处理设施不属于市政污水处理厂所辖范畴。

2）污泥利用和处置。所有获得 NPDES 许可证的市政污水处理厂和其他生活污水处理厂均应利用和处置污泥。

3）合流制溢流污水。合流制污水系统是用于收集生活（也包括商业和工业）污水和暴雨径流的废水收集系统，它通过单一管道连接到市政污水处理厂。在雨季或融雪季节，这些废水收集系统就可能超负荷运行，当达到合流制污水系统设计的负荷后，将有一部分未经处理的生活污水和雨水直接排放至地表水体，这些溢流是废水收集系统所服务社区的主要污染源，成为合流制溢流污水。CSOs 常常含有很高浓度的悬浮固体、致病菌、有毒物、漂浮物、营养物及其他污染物，被纳入 NPDES 许可证管辖范围内。

4）下水道污水。如果下水道设计、运行和维护得当的话，下水道中的污水应该全部排入市政污水处理厂，但实际上每年从下水道中溢出而排入外环境的污水经常会有，这部分污水及所携带的污染物会对人类和环境产生危害，也被纳入 NPDES 许可证管辖范围内。

5）分流制市政暴雨径流。指由州或地方政府拥有或运行的，设计用来收集和运输雨水的运送系统，暴雨计划第Ⅰ阶段仅针对服务 10 万人以上人口的城市分流制雨水系统，暴雨计划第Ⅱ阶段增加了分流制市政暴雨径流和建筑活动（影响面积在 1～5 英亩[①]范围）的暴雨径流管理。

（3）间接排放非市政源

由地方政府发给排入市政污水处理厂排放许可证的相关工业或商业企业，执行国家预处理项目（National Pretreatment Program）。该项目规定了向市政污水处理厂排放废水的非住宅（工业和商业）源的管理要求。该项目要求纳入管理的工业和商业排放者在废水排放到市政污水处理厂前预先处理其废水，以免干扰市政污水处理厂的运行。为了进一步理解间接排放非市政源，在本部分对国家预处理项目进行简单的介绍。

污水处理厂的工业用户是美国国家预处理项目中最基本的构成单位。所有排放非居民生活污水到污水处理厂污水收集管网的排放单位都是这个项目管理的对象，被统称为污水处理厂的工业用户。工业用户中数目众多的一部分是排水量较小、含有污染物浓度较低的单位。虽然它们的废水排放通常对污水处理厂的运行影响不大，但是仍然存在引起严重问题的可能。比如那些使用有机溶剂的干洗店，正常工作时排出的废水极少，但是可能由于机器故障或者人为原因使干洗机中的大量有机溶剂进入污水处理厂污水收集管网，从而引起污水处理厂运行的严重问题。所以这些工业用户需要有适当的管理，但是并不需要占用过多的人力和物力。

工业用户还包括那些排水量较大、含有毒性或者浓度较高污染物、对污水处理厂影响较大的单位，这些单位是美国国家预处理项目的主要管理对象，称为污水处理厂的重要工业用户（Significant Industrial User，SIU）。

① 1 英亩≈0.4 公顷。

具体来说，重要工业用户包括：①需要执行 EPA 制定的预处理行业排放标准的工业用户，称为类别用户（Categorical Industrial User，CIU）；②平均排放流量达到每天 25 000 加仑[①]或更高的工艺废水（Process Wastewater）的用户；③排放流量或者排放的有机污染物排放量（污染物浓度乘以流量）达到污水处理厂 5%负荷或更高的用户；④经间接排放许可证管理部门认定，有可能会影响污水处理厂运行的任何工业用户。对这些重要工业用户废水间接排放的控制是美国预处理项目的主要部分，花费了巨大的人力、物力。

2.2.5　许可证制度的管理体制

NPDES 许可计划是《清洁水法》授权 EPA 实施的行动，由中央政府负责。由国家颁发排放许可证的意义在于大幅度提高执法督法的强度，类似于美国飞机场的安全检查在“9·11”事件之前是由地方负责，而现在全部由联邦工作人员接管，以防止出现类似“9·11”事件那样的安全漏洞。1972 年之后，美国的所有排污单位不仅仅要遵守联邦法令，由联邦政府机构签发许可证并监督执行，国家级的许可证还意味着违法事件将由联邦调查局进行审查，由联邦政府法务部的检察官起诉，在联邦地区法院审理。这样的控制比之前的全部管理和责任都在基层、由各州自行其是当然要严格、有效得多。国家排放许可证制度执行、发展到目前的水平，可以说稍嫌复杂，有时过于繁琐之外，从控制水污染的角度看，已经相当合理和成熟。

美国国家环境保护局可以授权州或者部落具体实施该项目。如果希望获得该项目授权的州，需要符合一定的要求，经美国国家环境保护局评估认定有资格管理该项目的州，要将 NPDES 许可计划纳入本州法律中，使其具有法律效力，州的要求可以比联邦的要求严格，但是不能比联邦的要求低。州既可以申请全面的许可计划，也可以申请部分许可。对于没有申请授权的州，以及申请部分授权的州，州负责以外的部分由 EPA 直接管理。

排放许可证并不是简单地从联邦政府机构交给州政府机构去做，它仍

① 1 加仑=3.785 升。

然是联邦专项工程，由美国国家环境保护局与州的有关环保机构制定有法律认可的契约性质的备忘录（Memorandum of Agreement，MOA），正式授权给州环保机构办理。

（1）EPA 及分支机构职责

NPDES许可证计划是美国国会以法律的形式授予美国EPA的职责和权力。为了保证其有效实施，美国国家环境保护局主要履行以下职责：

1）制定法律规范

根据《清洁水法》第 402 条规定："局长[①]应当为该许可证规定条件以保证与污染物排放许可证的要求相一致，包括数据和资料的收集、汇报以及其他他认为合适的要求"。也就是说，《清洁水法》授权美国国家环境保护局局长制定与许可证相关的规范，促进许可证制度在全国范围内的实施。美国国家环境保护局制定了在排放许可证当中，适用于所有排污单位的条件、要求和规定等规范语句，并将它们升级为联邦法规。

美国国家环境保护局制定了内容广泛、详细的各种指导文件，规范各州的排放许可证制定。尽管美国的水环境法律法规已经制定的巨细靡遗，还是不可能穷尽所有可能的规定，比如怎样根据特定排污单位和接受水体的水质制定符合特定要求的基于水质的排放标准等。美国国家环境保护局制备的这些指导文件也在实际工作中具有法规的效用。

2）人才培训

美国国家环境保护局制备了专门的培训材料，聘请美国国家环境保护局内外的专家，定期培训各州制定国家排放许可证的专门人员。如排污许可证编写者培训（NPDES Permit Writer’s Course）、中心原则培训（Central Tenets）等。

排污许可证编写者培训是由美国国家环境保护局水许可证管理局（The EPA Water Permits Division）与州和EPA区域办公室（States and EPA Regional Offices）合办的，地方可以开办。培训是为了给许可证设计者提供基本法规框架和技术支撑，以帮助他们按照 NPDES 许可证的要求设计排污许可

---

① 指美国国家环境保护局局长。

证。这项课程主要面向新的设计者，主要强调许可证设计、签发和执行程序。其他设计者也可以上该课程以熟悉相关内容。培训课程将授课和案例相结合，通过实际操作帮助培训者更好地掌握设计许可证的方法。该课程是免费开放的，每个课堂可容纳 60 人，时间为 5 天，每天授课 2 小时，共有 20 课时。课程内容与《排污许可证编写者手册》相同。授课资料可从 EPA 网站上下载。

在 2001 年美国国家环境保护局水许可证管理局的战略规划中，还将提供 NPDES 申请课程、预处理课程和暴雨实施课程等。

3）批准和否决

美国国家环境保护局有权批准州的排污许可计划申请，但是如果州政府违反了相关规定，EPA 局长可以撤销对州的授权。

对于授权州通过的排放许可证，EPA 仍然保留最后的批准权，尽管这已经基本上是形式而已。对于一些排放口设在超出州管范围的海水区域的大型污水处理设施，美国国家环境保护局和州的有关机构共同制定排放许可证，须分别在环保局和州的机构得到批准。如果美国国家环境保护局局长收到州转交的提议的许可证后认为不符合要求，则该许可证不可以发放。

美国国家环境保护局仍有权直接处理地方上的排污单位，包括要求限期达标和罚款等。

4）监督

美国国家环境保护局监督州或者部落许可证管理机构的工作，要求地方管理机构提交监测数据，如有情况要及时上报。EPA 每年和州环保局就排污许可证的实施情况进行会谈，评估州的实施情况。

美国国家环境保护局对州的监督，也依靠部分志愿者，各地居民也会对地方进行监督，如果水质不能满足其要求，或者发现违法排污的情况，他们既可以投诉，也可以诉诸法律。

5）执行未授权的部分的许可证

未授权州的许可证，以及部分授权的州其余部分的许可证都由 EPA 负责，由分支机构具体管理。

城镇污水处理厂的污泥排放证管理在技术上比预处理管理简单，但是美国国家环境保护局迄今直接管理全美国各州的污泥许可证事务。由于污泥中的污染物含量直接反映了污水处理厂的处理水平和排放水水质，所以污泥排放的管理可以帮助美国国家环境保护局直接了解各个城镇污水处理厂的运作和监督授权污水排放许可证各州的工作。

（2）地方政府管理机构职责

1）撰写州许可证计划

《清洁水法》第 402 条规定：“每个希望自己管理其管辖区域内进入通航水域的排放许可证计划的州，可以向局长提交一份对它根据州的法律或者根据一个州际协议制订和管理的计划的充分而完备的描述。并且，该州应当遵守总代理人（或有独立法律顾问的那些州水污染控制机构的律师），或者在州际机构的情况下，其主要法律官员的一份声明，即该州的法律或者州际协议，具体视情况而定，将提供足够的职权去执行描述的计划。局长应当批准每一份提交的计划，除非他认为不存在足够的职权。”

2）与联邦签订备忘录协议

任何州希望获得州许可证计划，都需要与联邦签订备忘录协议（MOA）。备忘录主要包括以下相关内容：促进美国国家环境保护局向州转交管理权的相关条款，州需要提供联邦分支机构审批、评论、通过或否决的许可证申请、许可证草稿、许可证提议稿的种类和类别的相关条款，提交美国国家环境保护局的报告、文件和其他信息的频率和内容的相关条款，州应该允许美国国家环境保护局定期检查州的记录、报告和相关文件，州实施监测和执行计划相关条款，州和美国国家环境保护局监测活动的协调的条款，美国国家环境保护局分支机构可以在州选择联邦监督的设施和活动，联邦和州许可结合的相关条款，修改本协议的相关条款。

3）开展 EPA 许可证相关管理活动

具体包括以下相关的管理活动：发放由美国国家环境保护局授权了的许可证的监管，至少达到《清洁水法》要求的程度去检查、监测、进入和要求报告，检查设施和活动提交的信息的准确性、采样的代表性等，以及其他相关的实施状况的评估，通知公众及其水域可能受影响的其他任何州举行听证会，转交局长每份申请（包括其副本）、汇报许可证的执行情况、上报监测数据等，州许可计划的负责人需要每季、每半年、每年分别向美国国家环境保护局地区负责人或者向美国国家环境保护局局长汇报执行和不执行状况，以及不执行状况的类别等，征求相关部门的意见、以保证许可证不违背其他部门的要求，对许可证的违反行为进行民事或刑事制裁，或者其他方式的处罚。

4）执行国家预处理项目相关管理活动

地方政府对于工业用户的管理主要是通过颁发排放许可证、建立和要求工业用户执行预处理标准、要求工业用户执行各种自行监测、要求工业用户呈送各种报告、对工业用户进行事先告知的或不事先告知的检查、对于超标排放和其他不符合排放许可证要求的行为采取执法措施等实行。国家预处理项目的条文中规定，地方政府要对工业用户发放许可证或实施其他等位的管理方式，实际上几乎所有的地方政府都采取发放许可证的方式。

2.2.6　许可证实施与监督检查

完成许可证编写及签发程序后，持证单位就需要按照许可证要求开展相应的污染防治和排放活动。对排污许可证实施情况的监督检查的目标是实现持证单位持续严格遵从环境法规、条例。

（1）监督检查管理体制

1）美国国家环境保护局的责任

按照《清洁水法》的要求，美国国家环境保护局可以对一切排放至天然水体的污水排放点进行监控，而无论其是否拥有许可证。水法中规定在州满足一定条件时，允许联邦机构授权给实施 NPDES 的州许可证的签发、执行和监督的权利，但联邦保留许可证的最终批准的权利。美国国家环境保护局和州水污染控制机构签署正式的合作协议，以保证对许可证的监督按时准确的完成。一旦州、管辖区和部落被授权发放许可证或者管理部分计划，美国国家环境保护局将不再管理这些活动。但是，美国国家环境保护局有权力检查每个由州、管辖区和部落发放的许可证，并且否决与联邦要求有冲突的内容。美国国家环境保护局同时保有在州管辖范围内选择某些设施或活动进行监督检查的权利。如果许可机构不遵循反对意见，美国国家环境保护局将直接管理许可证。

2）州政府的责任

在对许可证的监督中，州政府首先需要制订一个完整的实施计划和程序。这项计划需要满足以下要求：①可以获得州长的授权，对所有违反许可证和相关法规的设施及活动进行全面调查；②按照许可证要求定期对相关设施和活动进行检查；③可以有效获得违反许可证要求的相关违法信息；④制定公众监督程序，使公众对于违法行为的监督信息可以有效反馈。

3）公众参与

社会监督在美国的环境保护法令执行过程当中起着非常重要的作用，是一个不可缺少的基本成分。美国《清洁水法》范畴下的“公民诉讼”被使用的最广泛，社会影响也最大。“公民诉讼”条款允许任何利益相关的公民，包括环保团体，在联邦地方法院提出公民诉讼，惩办违反排放标准的排污单位，或者没有尽到水法所规定的职责的美国国家环境保护局或者州的环境保护政府机构负责人。公民可以参与多种形式的执行过程。根据信息自由法案，公民有权利要求获得美国国家环境保护局数据库中的某些特定的设备执行信息。感兴趣公民可以参加任何联邦民事诉讼，参与复审和评论被提议的许可法令。

由上可见，美国 NPDES 规定的许可证的监督机制分为三个层次：联邦对州的监督；州机构对持有许可证的点源的监督；点源的自我监督以及非营利环境保护团体为主要力量的社会监督。这种多层次、直线型的系统使监督机制严密且容易实施。同时采用证明书等强调个人法律责任的自我监督机制，以及守法援助等政策对守法者提供激励措施，从而提高许可证的执行效果，降低监督成本。

（2）监督监测内容——达标监测（Compliance Monitoring）

达标监测是一个泛指名词，它包括联邦或州管理机构所进行的旨在查明持证单位对许可证执行情况的所有活动。所收集的监测数据是用于评估达标情况和支撑执法行为的一部分。达标监测的步骤包括接收数据、审查数据、将数据输入数据库（ICIS-NPDES）、现场检查、识别违规者、做出适当的回应。

达标监测的主要功能是对许可证的达标情况进行证实，包括排放限值和执行进程。达标监测由监督审查和现场调查两部分组成。

1）监督审查

对所有书面报告和其他与持证单位的执行情况有关的材料进行审查。信息来源主要有许可证/监督文档、ICIS-NPDES 数据库两个方面。

许可证/监督文档。包括许可证、申请材料、情况说明书、实施进展报告、实施检查报告、监测报告（DMRs）、强制执法行动和其他的通讯往来文件（如电话记录、警告信副本等）。工作人员定期审核这些信息，并决定采取执法行动的必要性和合适的执法行为等级。

ICIS-NPDES 数据库，作为 NPDES 的数据基础用来搜集整理和设备（机构）相关的许可要求、自行监测数据、执行的检查和采取的行动。EPA 要求将所有的 NPDES 排污许可证的相关数据都输入 ICIS-NPDES 系统并保持更新，以便可以对其情况进行审核和追踪。该数据库中的内容包括排污设施及废水的排放特征、自行监测数据、达标限期、许可条件、检查相关内容、强制执法行为等。排放监测数据和达标状况信息由持证单位通过达标进展报告（Compliance Schedule Reports）和排放监测报告（DMRs）提供，再由许可证管理机构录入系统；检查和强制执法信息由许可证管理机构录入。EPA 通过检查该系统，形成季度违规报告。

2）现场调查

现场调查是指在现场进行的、可用于判定许可证执行情况的活动。现场检查可以参照《NPDES 达标检查手册》（NPDES Compliance Inspection Manual）来开展。检查方式包括以下几种类型：

达标评估检查（CEI）。不进行采样，只进行记录文件的审查，目测评估处理设施运行、实验室、污水和受纳水体的状况。

采样检查（CSI）。采集有代表性的样品，进行化学和细菌分析，确定污染物的数量和质量。通过收集有代表性的样品，监督员可以审核被许可者自行监测和报告的准确性，是否遵守排放控制，并在需要执行强制措施时提供证据。CSI 包括与 CEI 相同的目标和任务。

绩效审计核查（PAI）。与达标评估检查（CEI）不同，PAI 提供了一个更加资源密集式的方式审核许可证持有者的自行监测方案，并从许可证持有者的采样程序、流量测量、实验室分析、数据的整理和报告等方面对其自行监测进行评估。在 CEI 中，检查人员只是粗略目测处理设施、实验室、废水和受纳水体。PAI 中，检查人员可以观察持证单位从样品采集、流量检查、实验室分析、数据处理和报告整个自行监测过程。PAI 中不包括检查人员采样，但检查人员为了实验室评估的目的，可以要求持证单位提供样品。

执行生物监测的审查（CBI）。当怀疑设施排放了有毒的污染物或已经对受纳水体造成了毒性污染时，需要审查许可证持有者的毒性测定技术以及相关记录，评估其是否遵守了 NPDES 中的生物监控条款并通过采样来测定排放是否具有毒性。

有毒物质的采样检查（XSI）。与 CSI 的目标相同，但它针对许可证制度中的有毒物质，包括重金属、酚和氰化物（这三类属于 CSI 范围的内容）以外的优先控制污染物。XSI 因为采样和分析技术复杂，比 CSI 需要花费更多的资源。XSI 可能需要评估原材料、工艺操作、处理设施来确定需要控制的有毒物质。

诊断性的检查（DI）。这种方法主要适用于没有遵守许可证要求的市政污水处理厂，目的在于通过检查帮助其分析原因并提供改进建议，以帮助其尽快达标。

侦查性的检查（RI）。对许可证持有者的处理设施、排放和受纳水体等做一个简短的目测审查。目的在于可以尽量地扩大检查范围但又不至于增加监督的成本。这种类型的检查是 NPDES 中最小资源耗费的检查方式，但其极大地依赖于检查者的经验和判断。

遵守预处理要求的检查（PCI）。评估市政污水处理厂对预处理计划的执行情况，往往作为对向公共处理设施排放污染物的工业企业进行检查的补充。

后续检查。当在例行的检查中发现了许可证执行方面的问题，往往会执行一项后续的调查工作。

集中式畜禽养殖场检查。目的是检查集中式畜禽养殖场是否符合许可证的要求，有三种形式的检查：身份确认检查、许可达标检查、解决协商检查。

除以上内容外，还包括污泥、暴雨、合流制污水溢流、下水道污水溢流检查等。

开展监督检查之前，检查人员应该首先确认选用哪种检查方式，不同检查方式所收集的信息是不同的。同样的内容，可能在不同类型的检查中都有涉及。

（3）监督检查的实施

监督检查一般一年开展一次，由专门的检查人员按照严格的检查程序来开展。

1）对检查人员的要求

检查人员隶属于美国国家环境保护局，是其工作人员。检查人员的主要责任就是收集关于许可证持有者是否准确进行自行监测的信息，并评估许可证的执行情况。因此，检查人员必须了解并应用相关政策和程序进行有效监督并收集相关证据。

2）监督检查程序

检查前的准备。为了保证检查工作的准确性和高效性，NPDES 中规定了对许可证执行状况的详细检查和监测程序。包括：①确定检查的范围和目标；②多渠道了解设施的背景信息，包括一般信息和许可的执行信息等；③制订检查计划，包括检查的目标、任务和程序、完成目标所需的人力和物力资源、时间的安排以及需要协调合作的相关机构；④准备文件和设备，包括适当的安全设备；⑤和实验室协商好采样的时间；⑥和其他的相关机构协调工作计划；⑦为采获样本安排运输、包装等相关事宜；⑧确保已告知州或部落以及许可证的持有者要进行的检查活动。

进入检查地点。检查人员在提供其合法身份证明后有权进入点源所在地，并有权在合理的时间内接触并复制相关记录、检查监测设备及监测方法，进行必要的采样。

启动会议。一旦提交了证件并且合法进入了目标所在地，检查人员首先需要提供检查人员的名单，然后可以与设施的负责人员讨论检查的计划、目的、法律依据以及监督检查程序。美国国家环境保护局建议检查人员和设施负责人员建立合作关系以保证检查的顺利实施。

设施的检查。检查与许可证的要求一致或不一致的文件，同时收集证据。包括：进行目测检查；审核相关记录；检查监控设备的安装位置及运行状况；进行必要的采样；审查质量控制的实验室数据；审查实验室程序分析方法；进行文件检查。收集的证据包括场地记录、陈述、照片、影音录像、图片、采样及数据记录影印件等文件。

结束会议。在检查结束后，检查人员需召开一个闭幕会议展示并讨论在检查中发现的问题。在闭幕会议上，检查人员可以继续收集补充的或遗漏的信息；和负责人员厘清相关问题；准备必要的收据；审核检查的结果并通知负责人员相关的后续工作并发出必要的问题通知。

制作监督报告。检查中发现的问题是否可以得到准确及时的解决，在很大程度上依赖于检查人员对监督报告的准备。因此，美国国家环境保护局规定在检查结束后必须要编制一份监督报告。报告的主要目的是组织和协调所有检查信息和证据并将其汇总成一份完整的可用的文件。因此报告中涉及的信息必须是准确的，涉及的信息必须和报告主题直接相关且被怀疑的违法行为必须有依据，如现场备忘录、文件、照片和其他相关信息。关于报告的编写方式，在《NPDES 实施监督指导手册》中也做了详细的说明。

（4）季度违规、半年和年度报告

季度违规报告。许可证管理机构应按季度将违反许可证管理规定的持证单位的违规行为向上级管理部门进行报告，包括持证单位未达到排放限值的违规行为、达标限期不符合要求、未安排报告的行为等。

半年统计汇总报告。许可证管理机构每半年要向上级报告六个月内两次及以上违反同一月均排放限值的企业数。

年度报告。许可证管理机构每年要上报一次许可证管理情况报告，包括审查的许可证数量、违规持证单位数量、强制执法的企业数量、逾期未达标企业数等。

（5）强制执法

强制执法主要针对一小部分违规者，这部分违规者的违规行为多具有频繁重复性和复杂严重性。具体的执法行为包括：非正式的行动（如通知）；正式行动；行政指令；罚款（最高 15.7 万美元）；民事诉讼；刑事诉讼。

2.3　国外经验总结

2.3.1　监督检查是许可证制度实施效果的重要保障，污染源监测是监督检查的重要组成部分和基础

通过对持证单位相关内容的监督检查，判定持证单位是否按证排污，对于未按证排污的单位进行相应的处罚，这是排污许可制度有效实施的重要保障。离开有效的监督检查，排污许可证制度中“许可的内容”就形同虚设了。

第一，监测是测量的主要方式。掌握企业排放状况，获取企业排放数据，离不开监测。监测的内容可以有很多，最核心的是流量和浓度的监测，以及根据流量和浓度监测结果而得到的排放量计算结果。当然，除了末端排放状况的采样和分析测试，监测还可以包括对企业运行状况的监测，如对企业原辅用料或产品情况的监测，以及对企业生产和污染治理重要环节的运行参数进行监测等。

第二，监测数据是报告的主要内容。企业报告自身排放状况或者对排污许可证的遵守情况，监测数据是其中最重要的内容，也包括根据监测数

据对自身排污状况的评价，如美国废气固定源的运行许可证中的污染源守法证明报告。

第三，监测是监督检查的重要手段，监测数据是监督检查的主要依据。许可证管理机构对持证单位进行监督检查时，监测是其中一项重要的手段，通过采样分析等检查企业自行监测实施情况或污染治理状况。除了采取具体监测活动，核查企业自行监测数据是许可证管理机构对持证单位检查的重要内容。日常检查中，许可证管理机构主要是通过对企业上报的自行监测数据进行检查来实现对企业的监督检查的。

2.3.2 污染源监测与污染源监管紧密衔接

从国外排污许可证制度与污染源监测要求的研究中发现，污染源监测与污染源监管的衔接十分紧密，既包括污染源监管要求与污染源监测要求的紧密衔接，也包括污染源监测数据直接应用于污染源监督管理。

污染源监测与污染源监督管理密切结合，污染源监测数据直接应用于污染源监督管理。企业自行监测数据是许可证管理机构对持证单位污染排放状况评估的重要依据，监督性监测是许可证管理机构监督检查的重要手段之一。无论是企业自行监测数据还是监督性监测数据都直接应用于污染源监督管理，污染源监测有效支撑了污染源监管。

2.3.3 自行监测是污染源监测的主体形式，自行监测的管理备受重视

尽管监督和核查是许可证管理机构对持证单位进行的，但是并不意味着所有的证据都由许可证管理机构来采集。从美国、英国排污许可证中的监测报告制度来看，持证单位是提供数据的主体，持证单位通过开展监测、提交监测数据，向许可证管理机构证明自己的排污状况，从而避免得到过重的处罚。因此，自行监测在排污许可证制度中举足轻重，自行监测的管理及其数据质量控制备受重视。

一是重视自行监测方案的设计。美国相关法规中对废气运行许可证监

测方案设计进行了很多细致而具体的要求；英国在不同污染源监测技术指南（TGNs）中对监测方案中的内容做了具体的指导性的规定。可见，监测方案的设计是许可证制度实施中的重要内容，各国普遍重视监测方案的设计。

二是重视自行监测数据的收集。通过专门的数据库收集自行监测数据，将其作为许可证监督检查的依据，同时，这些数据也是开展类似的污染源管理的参考，是制定国家排放限值等文件的重要依据。

三是重视自行监测数据的质量控制。在美国，一方面，通过相关法律对监测过程的质量控制做出了非常详尽的要求（如 40 CFR 64、75）；另一方面，通过对自行监测数据的审核和评估来进行数据质量控制。在英国，通过建立监测计量认证制度，并要求企业制定自行监测质量管理手册，要求企业开展内部检查和审核，对运营者进行监测评估等手段全面进行自行监测数据的质量控制。

四是重视自行监测相关的培训。美国排污许可证中的监测方案主要是由许可证编写者设计的，美国国家环境保护局通过对许可证编写者的培训使其掌握如何设计企业自行监测方案。英国要求所有开展自行监测人员参加过相应的技能培训，证明其有能力开展监测活动。

2.3.4　监督性监测是许可证监督检查的组成部分

美国和英国将监督性监测与年度的许可证监督检查相结合。另外，当出现民众举报或企业被起诉时，会有针对性地开展监测活动。

在美国，监督监测并不单指采样分析等监测活动，也包括对文本资料、数据等内容的审核。对于到企业开展的现场检查活动，也不是全部都进行采样分析，而是根据持证单位的实际情况来确定检查的内容，而这些都称为广义上的监测。检查人员既可以通过采样分析，评估持证单位从样品采集、流量检查、实验室分析、数据处理和报告整个自行监测过程的合理性，也可以只是通过观察来对这些内容进行评估。无论是哪种方式，所得结论都作为年度检查报告的一部分内容向持证单位进行反馈。分析企业自行监测数据及生产、污染处理情况开展，开展必要的监督监测。

2.3.5 以监测数据为重要内容的信息系统为污染源监管提供了良好的数据基础

综合达标信息系统（ICIS-NPDES）以及之前的许可证达标系统（PCS）是美国的 NPDES 许可证制度非常重要的信息系统，该信息系统中收集了所有持证单位的排污设施及废水的排放特征、自行监测数据、达标限期、许可条件、检查相关内容、强制执法行为等信息。这些信息不仅为管理机构审查持证单位是否依证排污提供了数据基础，也为开展其他管理活动提供了大量有价值的数据。

2.3.6 证后监管要保证企业合法权益，正确引导公众参与

排污许可证界定的是企业守法的边界，同时也确定了企业守法的权益。在许可证实施中既强调企业守法情况的上报、对违规行为进行相应处罚，也需要有一定的激励措施和宽松政策。赋予企业对政府监督性监测及执法行动监督的权利，尤其是在不可抗力因素的影响下，对于企业无法按照许可证要求正常运营的情况给予执法豁免；在限定条件和限定期限中，允许企业临时变更许可证要求的内容，从而辅助企业正常生产和运营。

公众处于环境信息的弱势一方，欧美和我国台湾地区的经验是在法律层面充分保证了公众获取信息的权利，尤其是注重保护公众环境诉讼的权利，并对公众诉讼进行奖励，鼓励公众参与，从而也能够将公众对环境权益的诉求引入到法制的轨道上，既保证了企业的权益，也引导公众理性监督。

2.3.7 许可证实施的监督管理是推动许可证管理水平提高的关键

在发达国家或地区，政府核查能力强，企业的守法责任意识较强，公众监督与参与意识较高，环保公益组织等第三方机构专业水平高，许可证守法鼓励企业上报尽可能完整数据，甚至包括核算、数值模拟等。在公众

参与中，更加关注的是环境保护知识的普及、工业源和企业对公众的回应，以及采取诉讼的权利。许可证实施的监督管理是多方博弈的过程，是动态的而非静态的，守法与监督在许可证推行初期必然是共同进步的过程，是许可证制度不断完善的关键。欧美及我国台湾地区的许可证监督管理相比制证阶段更加重视体制机制的构建。可见，环境科学与环保技术内容并不依国家而变化，但技术发展和社会经济状况有国情差别，我国许可证实施的监督与管理需要充分考虑到社会经济的复杂性。

第3章

我国排污许可制度定位与实施监督管理现状

3.1 排污许可证制度发展状况

我国排污许可证制度自 20 世纪 80 年代作为“新五项”环境管理政策提出，但在全国并未统一实施，各地做法也不尽相同。

1988 年 3 月，国家环保局发布《水污染物排放许可证管理暂行办法》。1989 年 7 月，经国务院批准，国家环保局发布的《水污染防治法实施细则》第九条规定，对企业事业单位向水体排放污染物的，实行排污许可证管理。此后，云南省、贵州省于 1992 年，辽宁省于 1993 年，上海市、江苏省于 1997 年，在地方法规或环保条例中规定对所有排放污染物的单位实行许可证管理。1995 年国务院发布的《淮河水污染防治条例》第十九条规定：“淮河流域……持有排污许可证的单位应当保证其排污总量不超过排污许可证规定的排污总量控制指标。”2000 年 3 月，国务院修订发布的《水污染防治法实施细则》第十条规定，地方环保部门根据总量控制实施方案，发放水污染物排放许可证。2000 年 4 月，全国人大常委会修订的《大气污染防治法》第十五条规定，对总量控制区内排放主要大气污染物的企事业单位实行许可证管理。2001 年 7 月颁布的《淮河和太湖流域排放重点水污染物许可证管理办法（试行）》第四条规定：“国家在淮河和太湖流域实施重点水污染物排放总量控制区域实行排放重点水污染物许可证制度。”根据 2004 年国家环保总局环境与经济政策研究中心在上海、江苏、广东、吉林、云南、重庆六省（市）的调研，各地发证对象、管理程序、管理效果都各有不同，没有统一性的规定，都是根据各省需要而设定的。

尽管排污许可制度并没有在全国统一实施，我国一直在研究和探索排污许可制度。党的十八届三中全会通过了《中共中央关于全面深化改革若干重大问题的决定》，提出：“完善污染物排放许可制，实行企事业单位污染物排放总量控制制度。”2016 年 11 月，国务院办公厅印发了《控制污染物排放许可制实施方案》（国办发〔2016〕81 号）。2016 年 12 月，环保部印发了《排污许可证管理暂行规定》（环水体〔2016〕186 号），明确了排污许可证的申请、核发、实施、监管的各项规定。这标志着排污许可制度在我国统一实施。

3.2 我国排污许可制度定位

3.2.1 制度定位

与美国排污许可制度作为固定污染源统领性的制度不同，我国自 1973 年召开第一次全国环境保护会议以来，形成环境管理八项制度，包括环境保护目标责任制、城市环境综合整治定量考核、污染集中控制、限期治理制度、排污收费制度、环境影响评价制度、“三同时”制度、排污申报登记与排污许可证制度，这些制度从不同时间节点或角度对固定污染源提出管理要求。随着管理制度的不断完善，八项管理制度也在发生着变化，如城市环境综合整治定量考核近年来并未执行，排污收费制度已改为征收环境保护税，排污申报登记制度已废止。无论是原来的环境管理八项制度，还是目前的污染源管理制度状况，适用于固定污染源的管理制度均有多项，这就涉及在众多环境管理制度中如何对排污许可制度进行定位的问题。

目前实施的管理制度中，与其他制度相比，排污许可制度更加注重管理要求在具体企业层面的落实，换言之，排污许可制度更注重将各项环境管理要求对于具体企业如何要求，并以排污许可证为载体进行明确。因此，可以认为排污许可证制度是一个“打包”的制度，载明该污染需要遵守的排放标准、排放监测方案、达标的判别标准、排污口设置管理、环保设施监管、限期治理等制度规定以及违法处罚等方面的规定。通过排污许可证将排污者应执行的有关生态环境的法律法规、标准和环保技术规范性管理文件等要求具体化，明确到每个排污者。将这些要求以书面形式确定下来，作为排污单位守法和生态环境部门执法以及社会监督的凭据，实质上是环保机构发给持证单位的“守法文件”。从美国、瑞典、英国等发达国家的经验来看，也是类似的情况，排污许可证制度是排放标准实施的载体，对于点源的排放控制具有重要的作用。因此，目前，我国正在推进的排污许可制度，定位为固定污染源管理的核心与基础制度，目标是排放标准管理要求在企业层面的具体落实，并把相关要求在企业层面进行明确，如监测、记录报告等都通过排污许可证对具体企业进行明确。

一方面，通过在企业层面将各项管理制度要求予以落实，明确对企业的要求和企业的责任，为各项制度发挥实效提供基础支撑，其他管理制度可以站在排污许可所打下的基础上，再进一步发挥作用。如总量减排、环境保护税等，都可以建立在排污许可对排污数据夯实的基础上，进一步发挥总量约束、经济制约激励的作用。

另一方面，由于排污许可制度是所有管理要求在企业层面的具体落实，那么各项管理制度要想在企业层面发挥实效，也应当以排污许可证作为载体予以明确，从固定源管理制度落实的角度来说，对于企业而言这是一个核心的管理制度。

3.2.2 拟解决关键问题

我国当前统一实施的排污许可制度，从制度顶层设计来说，主要解决三方面的问题[①]：一是要建立精简高效、衔接顺畅的固定源环境管理制度体系。将排污许可制建设成为固定污染源环境管理的核心制度、衔接环评制度、整合总量控制制度，为排污收费、环境统计、排污权交易等工作提供统一的污染排放数据，减少重复申报，减轻企事业单位负担。二是推动落实企事业单位治污主体责任，对企事业单位排放大气、水等各类污染物进行统一规范和约束，实施“一证式”管理，要求企业持证按证排污，开展自行监测、建立台账、定期报告和信息公开，加大对无证排污或违证排污的处罚力度，实现企业从“要我守法”向“我要守法”转变。三是规范监管执法，提升环境管理精细化水平。推行“一企一证”、综合许可，将环境执法检查集中到排污许可证监管上。具体来说，主要改革思路如下：

---

① 强化企业主体责任 推进环境管理精细化——环保部副部长赵英民解读《控制污染物排放许可制实施方案》. http：//www. gov.cn/zhengce/2016-11/21/content_5135689.htm.

（1）整合衔接现有制度

我国当前的排污许可制度，是要衔接固定源环境管理相关制度，构建固定污染源环境管理核心制度。①改革开放以来，我国环境管理先后建立了排污收费、环境影响评价、“三同时”、排污申报与许可、总量控制等一系列制度，在防治污染方面发挥了重要作用。但从固定污染源管理来看，制度衔接不够，相互协同不好，管理效能不高，没有实现体系化、联动化、链条化。排污许可制度能否实用管用好用，关键在于整合衔接固定源环境管理的相关制度，使之精简合理、有机衔接，实现分类管理、一企一证，并与证后监管与处罚一体推动，使这项制度真正成为固定源环境管理的核心制度。一要衔接环评制度，在时间节点、污染排放审批内容等方面相衔接，实现项目全周期监管要求统一。二要整合总量控制制度，实现排污许可与企事业单位总量控制一体化管理，将企事业单位总量控制上升为法定义务。三要以实际排放数据为纽带，衔接污染源监测、排污收费、环境统计等制度，从根本上解决多套数据的问题。通过精简、整合和衔接，以排污许可证为核心和基础，明确各方责任，制定配套政策，改革推动固定源环境管理体系的重构。

（2）突出企业主体责任

第一是企业要按证排污。企事业单位应及时申领排污许可证并向社会公开，承诺按照排污许可证的规定排污并严格执行，确保实际排放的污染物种类、浓度和排放量等达到许可要求。

第二是实行自行监测和定期报告。企业应依法开展自行监测，保证数据合法有效，妥善保存原始记录，建立准确完整的环境管理台账，安装在线监测设备的应与环保部门联网。定期、如实向环保部门报告排污许可证执行情况。

第三是向社会公开污染物排放数据并对数据真实性负责。

（3）规范监管执法

---

① 陈吉宁．建立控制污染物排放许可制为改善生态环境质量提供新支撑[N]．经济日报，2016-11-22（1）．

排污许可制是固定污染源环境管理的基础制度，待制度完善后，对企业环境管理的基本要求均将在排污许可证中载明，因此今后对固定污染源的环境监管执法将以排污许可证为主要依据。对固定污染源的监管就是对企业排污许可证执行情况的监管，具体包括对是否持证排污的检查、对台账记录的核查、对自行监测结果的核实、对信息公开情况的检查以及必要的执法监测等，通过对企业自身提供的监测数据和台账记录的核对来判定企业是否依证排污；同时也可采取随机抽查的方式对企业进行实测，不符合排污许可证要求，企业应做出说明，未能说明并无法提供自行监测原始记录的，政府部门依法予以处罚。并将抽查结果在排污许可管理平台中进行记录，对有违规记录的，将提高检查频次。环保部将研究制定排污许可证监督管理的相关文件，进一步规范依证执法。

3.2.3　监督管理面临的新形势

排污许可制度的实施，涉及对各类责任主体职责定位的改革，也涉及监管模式的变化，因此排污许可的监督管理面临着新的形势，具体来说，主要体现在以下几个方面：

首先，根据我国排污许可制度改革思路，可以看出，现有排污许可制度虽然是一项新的制度，但制度的基础并不是全新的，而是在现有制度基础上，对现有的制度进行整合，提高制度间的衔接协调性。因此，排污许可制度实施的基础，就是当前固定源排放监管制度的基础，对排污许可制度监督管理的研究，也应当立足于当前的制度基础。

其次，与以往固定源管理制度不同的是，当前的排污许可制度特别强调突出企业的主体责任，而这是以往管理制度所不具备的。以污染源监测为例，长期以来，我国污染源监测管理体制不顺。企业作为污染源监测最重要的责任主体，应通过监测说明自身履行环境保护责任和开展污染治理的情况。然而，一直以来，污染源监测长期被认识是政府的责任，企业责任出现缺位。“十二五”期间，尽管企业自行监测得到了一定发展，《环境保护法》明确了排污单位自行监测和监测结果公开的要求，但专项法律和相关管理办法的规定还不配套，也没有管理制度承接自行监测管理要求。排污许可制度首次对企业主体责任进行了明确，将企业“自证守法”作为排污许可制度改革核心之一。企业主体责任的回归，对整个管理模式产生直接影响，将引起监管模式的重塑。

最后，排污许可制度改革规范了监管执法，也提出了精细监管执法要求。为了支撑排污许可精细化管理要求的落实，监管执法必须配套实施并支撑持证单位实施效果的判定。排污许可制度对自行监测和台账记录提出要求，然而测而不管，自行监测会流于形式，台账不管不用，也就无法发挥依据台账记录进行精细化管理的目的。因此，排污许可制度的监管执法必须满足精细化监管的要求。

3.3 相关监督管理基础状况

3.3.1 污染物排放量减排核查核算情况

3.3.1.1 总体情况

“十一五”“十二五”期间，我国实施了严格的总量控制制度，制定了一套用于支撑污染物排放量减排核查核算的技术方法。国家制订全国年度总量控制计划，并要求各省根据计划，分解制定本省的实施方案，将污染物排放控制指标层层分配到各级行政区和各重点污染源，使减排任务落实到政府与企业的年度生产经营与节能减排的综合计划中。

国家编制主要污染物总量分配办法、考核评估办法以及核算细则等，建立评价考核体系，并纳入地方干部政绩考核体系，定期开展总量减排核查核算工作（每半年一次），核算结果作为考核地方主要污染物减排工作目标是否完成的依据。在核算方法上，分为区域宏观核算和企业逐家核实两种方式。区域排放总量采用宏观核算方法，主要是指基于主要污染物排放基数，根据区域经济发展数据、能源消耗总量、主要产品产量、城镇人口等宏观数据，对各地区域排放总量进行宏观核算，作为区域排放量减排核算结果的质量控制主要手段。重点行业排放量采用全口径核算方法，指电力、钢铁、水泥、造纸及纸制品业、纺织业等行业逐家核实污染物排放量，通过数据间的交叉互验，确定各企业的排放量结果。

除了国家统一的核查核算工作外，每年国家还组织开展减排专项检查和监察行动，严肃查处各类违法违规行为；对重点耗能企业和污染源进行日常监督检查，对违反节能环保法律法规的单位公开曝光，依法查处，对重点案件挂牌督办；开展上市公司减排核查工作。

3.3.1.2　排放量核算方法

以二氧化硫为例简要说明主要污染物排放量减排核算方法。根据二氧化硫排放的行业特征和减排核算的基础条件差异，二氧化硫总量减排核算采用全口径和宏观核算相结合的方法，分电力、钢铁和其他三部分进行核算。

电力行业二氧化硫总量减排实行全口径核算。核算范围包括常规燃煤（油、气）电厂、自备电厂、煤矸石电厂和热电联产机组。原则上全口径核算采用物料衡算方法，基于燃料消耗量、含硫率和综合脱硫效率等，分机组逐一核算二氧化硫排放量；对于取消旁路且在线监测规范的机组，可逐步实行在线监测直接测量法，条件已具备的，可直接采用在线监测直接测量法，但流量要用煤量进行校核。

钢铁行业二氧化硫总量减排逐步推行全口径核算。核算范围为辖区内所有钢铁联合企业、独立球团（烧结）企业、炼铁企业和炼钢企业，钢铁联合企业核算不含自备电厂。基于物料衡算法分生产线逐一核算烧结机（球团设备）的二氧化硫排放量，根据企业焦炉煤气和高炉煤气的消费量等核算企业其他工序二氧化硫排放量；条件暂不具备的地区或企业累计生铁、粗钢产量比统计部门公布数据小 8%以上的，采用宏观方法进行核算。

其他行业二氧化硫总量减排采用宏观核算方法。基于排放强度，根据煤炭消费增量（考虑淘汰水泥、锅炉及煤改气工程等量替代的煤量）核算二氧化硫新增量，并利用主要耗能产品排污系数法进行校核，合理确定新增量；采用项目累加法逐一核算脱硫工程设施、结构调整和加强管理新增二氧化硫削减量。

3.3.2 污染源监测实施的监督管理状况

（1）自动监测的监督管理

自“十一五”实施总量减排以来，要求国控重点污染源均需安装运行自动监控设备，与之适应，污染源自动监测相关管理办法不断完善。相继出台了《污染源自动监控设施运行管理办法》《国家监控企业污染源自动监测数据有效性审核办法》《国家重点监控企业污染源自动监测设备监督考核规程》《国家重点监控企业污染源自动监测设备监督考核合格标志使用办法》等一系列规范性文件。“十二五”期间，国家每年组织各地按季度开展自动监测数据有效性审核，内容分为比对监测和现场核查两部分。比对监测由各级监测部门负责，现场核查由环境监察部门负责。

有效性审核的依据是自动监测技术规范，即通过对自动监测设备的监督检查，判断是否按照自动监测技术规范要求对自动监测设备进行运行维护，数据是否有效。监督考核内容包括比对监测和现场核查两部分。比对监测包括：废水污染物浓度及流量比对；废气污染物浓度、氧量、流量和烟温比对；通过手工监测和自动监测设备结果比对；分析两个结果的偏差是否在技术规范规定的范围内。现场核查包括制度执行情况和设备运行情况。制度执行情况包括：设备操作、使用和维护保养记录；运行、巡检记录；定期校准、校验记录；标准物质和易耗品的定期更换记录；设备故障状况及处理记录等。设备运行情况包括：仪器参数设置；设备运转率、数据传输率，缺失、异常数据的标记和处理；污染物的排放浓度、流量、排放总量的小时数据及统计报表（日报、月报、季报）等。

（2）污染源监督性监测的质量核查

“十二五”期间，随着国控重点污染源监督性监测工作的深入开展，为加强污染源监督性监测工作，规范国控重点污染源监测质量核查与评估，提高污染源监测数据质量，中国环境监测总站制定了《国家重点监控企业污染源监督性监测质量核查办法》。该办法适用于中国环境监测总站对承担国控重点污染源监督性监测任务的省级监测站、地市级监测站和县级监测站开展监测质量核查。也适用于省级监测站对辖区内承担国控重点污染源监督性监测任务的地市级站及区县级监测站进行污染源监测质控检查与现场抽测。

质量核查与比对监测的形式为对承担国控重点污染源监督性监测任务的监测站开展质控检查与抽测，并量化评分。国控重点污染源质量核查与比对监测的内容包括室内核查和现场核查两部分。室内核查包括污染源监测质控检查和质控样考核。主要检查污染源监测质控管理情况，相关技术人员上岗资质情况，实验室分析质控管理工作，监测原始记录，监测数据，监测报告等内容。现场核查包括对污染源监测现场操作的规范性检查、同步比对监测核查等。

（3）企业自行监测的监督管理

“十二五”期间，国务院发布了《“十二五”主要污染物总量减排考核办法》，对各地区的总量减排考核力度不断加强，将减排监测体系建设运行情况纳入总量减排考核，“监督性监测结果公布率”“企业自行监测结果公布率”等成为“一票否决”的约束性指标。

2013 年，环保部发布了“两个办法”。《国家重点监控企业自行监测及信息公开办法（试行）》要求企业对本单位的污染物排放状况及其对周边环境质量的影响等情况开展监测，并要求企业将自行监测工作开展情况及监测结果向社会公众公开。《国家重点监控企业污染源监督性监测及信息公开办法（试行）》要求各地如实向社会公开监督性监测结果。明确了企业污染源监测主体责任，并进一步明确自动监测属于企业自行监测。

为推动各地区主要污染物总量减排监测体系建设与运行考核，环保部发布了《“十二五”主要污染物总量减排监测体系建设运行考核实施细则》（环发〔2013〕98 号）、《关于报送污染源监测及信息公开数据的通知》（环办函〔2014〕710 号）、《关于做好 2015 年主要污染物总量减排监测体系考核工作的通知》（环办〔2015〕35 号）等文件，开发了全国污染源监测及信息公开调度系统，组织各地区按月调度所辖国控企业自行监测及信息公开情况、按季度调度各地区国控重点污染源监督性监测及信息公开情况，并组织专家定期开展网络抽查核算，根据调度结果和抽查结果，计算各地区监督性监测完成率、监测性监测信息公布率、企业自行监测完成率、企业自行监测信息公布率，并梳理各地区网络检查中发现的问题，定期通报各地区考核结果。

但是由于刚刚起步，而多数企业监测能力薄弱，甚至根本没有开展监测的能力。因此，尽管我国重点排污单位监测职责有明确的规定，而实际实施效果并不理想。在自行监测指标完整性、数据质量、公开及时性等方面都存在问题，有待继续不断完善。目前排污单位自行监测数据质量控制监管体系基本处于空白，尽管相关规定要求排污单位需将自行监测方案报送环境保护主管部门备案，将监测结果在环保部门指定的网站上公布，但环保部门尚未对其监测过程及监测结果开展监督检查，排污单位监测数据质量尚处于未监管的状态。自行监测数据用于环境管理的基础仍然有待加强，见表 3-1 和表 3-2。

表 3-1 国控重点污染源监督性监测完成率和公布率联网检查审核

检查内容	检查要点	审核说明
公布企业数量的一致性	网站上公布的开展监督性监测企业数量是否与上报总站数据库一致	网站与上报总站企业数量不一致的，每缺少 5 家企业数据，完成率和公布率同时扣减 1%
公布数据的一致性	核实网站上公布的数据是否与中国环境监测总站污染源监测数据库、信息公开调度管理系统数据库一致	1）网站公布的数据与中国环境监测总站数据库不一致的，每发现一家企业，完成率和公布率同时扣减 1%。 2）发现与信息公开调度管理系统数据库不一致的，且本季度计划全指标监测但监测指标明显不完整的，完成率扣减 1%
公布数据的及时性	监督性监测的数据是否及时公开	发现省级或一个地市的监督性监测数据公开不及时，完成率和公布率同时扣减 1%

表 3-2　国控企业自行监测完成率和公布率联网检查审核

<table>
<tr><th>检查内容</th><th>检查要点</th><th>审核说明</th><th>备注</th></tr>
<tr><td>监测方案的合理性</td><td>监测方案中监测点位是否全面符合环评报告及批复等管理要求；监测指标和监测频次是否达到排放标准和有关办法的要求</td><td rowspan="2">1）监测点位不全，扣减监测完成率 1%；
2）监测方案中监测指标不全的，该地区监测完成率扣减 0.5%，该企业各监测点位累计缺少 5 个监测指标及以上的，监测完成率扣减 1%；
3）监测方案中监测频次明显低于要求的，监测完成率扣减 0.5%；
4）与监测方案相比不全的，监测完成率扣减 0.5%，缺少多个点位或指标的，监测完成率扣减 1%。
存在（1）、（2）、（3）或（4）任一类问题的，监测结果公布率同时扣减 0.5%</td><td rowspan="2">同一家企业累计扣减不超过 1%</td></tr>
<tr><td rowspan="3">监测信息公开的真实性</td><td>调度信息中监测点位、项目、频次是否欠缺</td></tr>
<tr><td>对照信息公开台账，检查信息公开平台是否确实全部公布了监测数据</td><td>一家企业存在未真实公布数据的，发现 1 次，监测完成率和公布率同时扣减 0.5%，发现多次的，同时扣减 1%</td><td></td></tr>
<tr><td>对照信息公开台账，检查企业是否确实公布数据</td><td>发现一家企业根本未公布数据的，监测完成率和公布率同时扣减 2%</td><td></td></tr>
<tr><td rowspan="2">监测结果公开的及时性</td><td>手工监测和自动监测结果是否及时公开</td><td>发现一家企业监测结果公开不及时，监测完成率和公布率同时扣减 0.5%</td><td></td></tr>
<tr><td>企业的基础信息以及上年度自行监测年度报告是否及时公开</td><td>发现一家企业未公开企业基础信息或未及时公开自行监测年度报告，监测完成率和公布率同时扣减 0.5%</td><td></td></tr>
</table>

3.3.3　我国针对固定污染源的现场现状

（1）固定污染源现场环境监察现状

目前针对污染源的环境执法主要分为三种情况：

一是专项行动。一般由国家根据当前主要环境问题，有针对性地提出对某类对象或某种行动针对专项执法方案。如铅蓄电池制造企业专项检查、重污染天气预警期间专项检查、大气专项督查等，都可以归为专项行动。

二是“双随机”检查。环境监察“双随机”抽查是指对辖区内企业事业单位进行日常检查时，根据企业环境污染的现状，从确定的国控重点、县控重点及一般企业中按照比例随机抽取检查对象，随机抽取确定现场监察人员的一种全新监察制度，是震慑、打击不法排污企业的重要手段，也是助力新环境保护法、大气污染防治法实施的全新举措。

三是应对舆情的针对性检查。根据公众投诉、举报等情况，对被举报企业进行现场勘察，发现问题，获取证据，对问题企业进行处罚的行为。

（2）行业现场环境监察指南情况

为了规范和指导各地现场监察行为，目前环保部环监局共发布了 8 个环境监察指南，分别为：《自然保护区生态环境监察指南》《畜禽养殖场（小区）环境监察工作指南（试行）》《电解金属锰企业环境监察工作指南》《焦化行业现场环境监察指南（试行）》《矿山环境监察指南（试行）》《铅蓄电池行业现场环境监察指南（试行）》《味精行业现场环境监察指南（试行）》《制浆造纸行业现场环境监察指南（试行）》。行业现场环境监察指南对不同行业主要生产工艺、产污节点和治污工艺的有相对完整的介绍，从而分析出现场环境监察的要点，给出了定性检查和定量测算方法。

行业现场环境监察指南主要是供各级环境监察人员现场执法参考使用，不具强制性。各环境监察机构在定期全面检查的基础上，可根据工作需要，选择指南中部分或全部监察要点，自行制定《现场监察方案》和《检查清单》，实施现场环境监察。

行业现场环境监察指南主要包括适用范围、术语和定义、监察工作依据、现场监察程序、现场监察方法、现场监察要点、环境监察报告等部分内容。其中，现场监察程序、现场监察方法、现场监察要点、环境监察报告为重点内容。

（3）现场监察程序

①监察准备。收集相关资料和信息。主要包括相关法律法规、规范性文件及各类环保标准；企业的基本信息，包括企业数量、地理位置、基本工艺、生产规模、群众投诉等；拟检查企业的建设项目环境影响评价文件和环评审批文件、“三同时”验收报告、排污申报登记表、排污费核定及缴

纳通知书，以及现场检查历史记录、环境违法问题处理历史记录等基本环境管理信息。

②制定方案。根据收集的基础资料和数据，因地制宜，制定监察方案，确定监察重点、步骤、路线。必要时，可联系专家或其他部门配合检查。

③现场检查。按制定的监察方案进行现场检查，包括现场查看企业的物耗和能耗相关报表以及生产销售台账、污染治理设施运行台账、企业自行监测记录等相关资料；检查环境影响评价、“三同时”及环保验收的执行情况；检查污染防治设施运行处理及污染物排放情况，自动监控设施建设、运行、联网、验收、比对监测及定期校验情况，应急设施建设及运行情况，应急预案的编制及演练情况，危险废物贮存及转移联单的执行情况；做好现场检查记录。

其中，“生产现场”和“污染防治设施”为重点检查内容，应作为每次现场检查的必查项。

④视情处理。发现有环境违法行为的，应进行现场取证，并提出处理处罚建议。

⑤总结归档。编写总结报告，对现场检查过程中的文字材料及视听资料，及时分类归档。

（4）现场监察方法

①资料检查。检查资料的完备性、合法性、真实性，根据不同资料在时间和工况上的一致性进行判断，查找环境违法行为线索及证据。

②现场检查。根据所收集资料在现场对企业生产车间、公共工程设施进行观察，主要检查工艺设备铭牌参数、运行状态等，对可能存在环境违法行为的关键设备、场所、物品，应拍照取证，对污染防治设施运行状态不稳定或关键参数不符合要求的，应即时取样。

③现场测算。采用容积法、便携式仪器测量法、理论估算法等现场测算方法，测算企业内重点工序及污水处理站的液体进出流速。

④现场访谈。与企业内部人员访谈：与车间工人进行随机性的访谈，了解企业生产概况，寻找企业环境违法行为线索。

与周边居民访谈：走访企业周边居民，核实企业提供信息的真实性，了解企业长期运行过程中是否对附近居民带来废水、废气、噪声、固废等方面的污染。对居民提出的意见进行判断筛选后，反馈于监察报告中。

3.3.4 存在问题分析

（1）自动监测质量管理缺位明显

尽管污染源自动监控系统的投入逐年增多，系统建设得到了快速发展，自动监测产生的数据在环保预警方面发挥了重要作用，在节能减排、环保统计等方面也得到了应用，但污染源自动监测数据质量受多种因素影响。如果不针对影响自动监测数据质量的因素进行管控，自动监测数据质量则无法保证。

我国目前污染源自动监测数据质量管理存在明显缺位现象。环境监察部门重视对数据造假行为的查处，而对数据质量管控缺少手段。“十一五”“十二五”期间，环保部要求各地监测机构对国家重点监控企业自动监测设备按季度进行比对监测，出具数据有效性意见。“十二五”以来，污染源自动监控数据有效传输率是总量减排的重要考核指标，同时总量减排、排污收费等各项制度均规定只有通过数据有效性审核的自动监测数据才能应用于排放量核算。受此影响，各地自动监测设备比对合格率都很高。2016 年，各地上报的化学需氧量和氨氮自动监测设备比对合格率分别为 92.6%和 90.4%，SO_2、NO_x、颗粒物、烟气流速比对合格率分别为 98.3%、98.3%、98.3%、94.2%。然而，根据国家 2016 年抽测比对监测结果，比对合格率均远低于各地上报结果。抽测的 523 台套废水自动监测设备，化学需氧量和氨氮比对监测合格率分别为 69.7%、45.5%；抽测的 77 套 CEMS，SO_2、NO_x、颗粒物比对合格率分别为 69.3%、62.7%、80.5%，烟气流速比对合格率仅为 46.9%。由于实际比对合格率不高，各地为了获得比对合格结果，往往要求监测部门多次比对监测，大大增加了基层监测人员的负担，同时也忽视了对企业比对监测不合格的执法处理。此外，尽管各地上报的比对合格率很高，自动监测设备都通过了数据有效性审核，但并不能保证自动监测设备长期稳定正常运行，定期比对监测的意义有限。

当前，国家取消了环保部门对自动监测设备的有效性审核，但并没有其他相关管理制度进行补充，自动监测数据质量控制几乎处于空白状态。

（2）政府对自行监测的监管能力滞后

政府部门对排污单位自行监测的监督管理尚未有明确规定。首先，排污单位自行监测数据质量控制监管体系基本处于空白。尽管相关规定要求排污单位需将自行监测方案报送环境保护主管部门备案，将监测结果在环保部门指定的网站上公布，但环保部门尚未对其监测过程及监测结果开展监督检查，排污单位监测数据质量尚处于未监管的状态。自行监测数据用于环境管理的基础仍然有待加强。目前，针对排污单位自行监测监督检查的管理规定和技术文件几乎为空白。通过检查哪些关键内容才可以对企业自行监测数据质量进行有效的控制，如何开展相关检查，这些都有待进一步研究和明确。其次，在对排污单位开展监督检查过程中，政府部门应对如何分工协作也需明确。环保部门和质量监督检验检疫部门在监测行为监管中都有一定的职责，两者责任边界如何划分、在对排污单位自行监测行为监督检查过程中应当如何相互配合，需要加以明确。从计量法的角度考虑，需要明确符合什么样条件，企业开展自行监测所得的监测数据才能够用于执法。计量部门对企业或第三方检测机构的监管职责有待明确。

社会检测机构的规范化管理缺乏法规制度保障。在现有的法律、法规、政策和制度中，《中华人民共和国计量法》《工商行政管理条例》《国务院办公厅关于政府向社会力量购买服务的指导意见》《关于促进市场公平竞争维护市场秩序的若干意见》《关于推进环境监测服务社会化的指导意见》等法律规范都从某一方面对监测社会化、社会检测机构做了宏观上制度规范和指导，但在操作层面上却还缺少具体可行的规章制度，环保部门缺少对社会检测机构进行依法管理的法规制度。特别是在社会检测机构的市场准入、社会检测服务收费标准及管理、环保监测机构对社会检测机构的质量控制办法和措施等方面的法规制度急需建立完善。在政府职能转变、减少行政审批的大背景下，对社会检测机构的监管遇到了政策窘境。严格控制新设行政审批事项是简政放权的必然要求，但是，要实行监测社会化，保证参与其中的社会检测机构能够出真数、准数，又必须出台一些监管政策和措施办法，涉及审批、许可、收费事项又与当前大形势相矛盾。

（3）污染源监测和环境监管执法的联动缺乏制度保障

企业自行监测在污染源监测中占有主体地位，政府部门对排污单位开展执法监测或监督监测也必不可少，这是检查和评价企业自行监测开展情况的重要依据。当前，执法监测已经作为一项职能任务，在中央有关文件表述中正式提出。

然而，执法监测如何实施，如何实现监测与执法的有效联动，这些问题尚未解决。从调研情况来看，“十二五”期间，尽管环保部不断推动污染源监测数据应用于环境执法，但从实际效果来看并不理想。环境监测部门仅仅侧重污染源监测本身，而缺少现场取证的相关经验和能力，多数地方环境监测部门没有执法证，也不具备现场取证的资格。环境执法部门仅仅侧重行为或过程违法行为的查处，相对较少涉及需要通过监测结果认定违法的行为的查处，同时多数执法人员不具备环境监测能力和资质。此外，废气监测需要较长时间的准备和操作，由于缺少配套的管理制度，通过监测数据认定企业违法排污存在一定困难。

（4）企业和社会检测机构监测行为有待规范

对环保部门来讲，缺少对企业和社会检测机构的管理经验和基础。企业和社会检测机构的管理明显缺位，检测行为有待规范。

企业自行监测能力薄弱。2013 年以来，我国开始推行重点企业自行监测，要求企业承担应有的监测和信息公开责任，接受公众监督。但是由于刚起步，而多数企业监测能力薄弱，甚至根本没有开展监测的能力。因此，尽管我国重点排污单位监测职责有明确的规定，而实际实施效果并不理想。在自行监测指标完整性、数据质量、公开及时性等方面都存在问题，有待继续完善。

社会检测机构出具的数据质量堪忧。当前由于对社会环境检测机构的人员资质、监测指标范围等缺乏明确的考量标准，检测机构存在超出能力范围承揽项目、人员无证上岗、现场检测和实验室分析等检测活动不规范、质量管理流于形式等突出问题，有的甚至按照客户的需求出具监测数据，导致目前社会检测机构出具的数据、报告质量堪忧。

社会检测机构之间的恶性竞争，扰乱了市场秩序。当前，社会检测机构数量众多、良莠不齐，为了在市场竞争中取得优势，一些检测机构无视市场规则，采取超低价格竞标、与客户串通一气、单纯追求业务量而忽视质量等方式抢占市场份额。长此下去，环境监测市场会形成恶性竞争，势必影响环境监测市场的有序健康发展。

（5）污染源监管执法模式有待改进

系统性不足。目前针对固定污染源的现场环境监察一般只针对单项内容进行检查，缺少系统性的监察。如某次现场监察仅针对危险废物的，那么监察人员往往仅调取关于危险废物转运联单资料，而不会对产生危险废物的生产和污染治理环节进行检查。在进行污染治理设施运行状况的检查中，很少会根据企业生产运行管理台账、监测记录进行交叉验证，对监测开展情况则更是很少开展检查。这样就很难全面掌握企业的排放状况，也无法对企业污染治理状况提供指导和服务，对于提升企业污染治理水平作用有局限性。

精细化不足。当前的现场监察，更多的是针对程序违法和行为违法行为，诸如未批先建、未按规定投入相应的治理措施等，而针对结果违法行为的查处严重不足，或者说目前对企业的环境执法还停留在较为粗放的水平，很难做到精细化。根据企业运行状况和监测结果进行监管执法，这对现场监察人员的技术水平要求很高，而当前环境监察队伍相对能力不足，现场监察精细化水平还较低。

规范性不足。尽管我国针对固定污染源的管理要求有很多，对执法的程序要求也在不断完善，然而由于各项管理制度对具体源的适用性并不明确。由于管理要求的不明确，给了现场监察执法很大的自由裁量权，部分现场监察活动的规范性有待加强。同时，由于企业主体地位的不明确，“自证守法”的缺失，主要依靠管理部门确定企业的违法行为和事实，从而管理部门权力过大，也使得管理部门行使权力的规范性较难规范，从而整体上使得监察执法的规范性有待提升。

不注重信息的收集与积累。每年我国都开展大量的环境执法活动，但并没有对相关信息进行收集，也没有基于信息的积累开展持续的执法活动。一方面，现场监察时并不注重对企业生产和排放信息的收集，从信息源头上就不健全，信息缺失十分严重。另一方面，对于一些专项行动，对企业相关信息进行了一些收集，但根据调研掌握的一些信息清单来看，信息收集比较随意，信息质量缺少审核，数据可用性较差，且基本没有建立现代化的信息系统，信息的保存和传输、共享都存在很大不足。

第4章

排污许可证实施的监督管理体系框架设计

4.1　排污许可证监管的基础前提与原则

在美国、欧洲等发达国家，排污许可证管理模式已经形成法律制度、管理机制、科技标准、社会共治的完整社会管理体系。依靠这套管理体系，在许可证科学合理并广泛认同的基础上，管理者通过核查污染源守法报告，辅以必要的现场核查，能够高效率、低管理成本地管控固定源排放。我国对排污许可概念并不陌生，但作为核心管理政策则刚刚起步。排污许可证管理、申请核发、台账维护、自行监测、源强排放等制度、标准和指南都在紧锣密鼓的制定中，排污许可证证后监管也需要在适应管理水平的基础上不断严格和优化。

排污许可证实施的监督管理首先是以排污许可证核发质量为前提，以遵守科学、合理的许可证事项为原则。监督管理的目标就是为了辅助实现排污许可证制度目标，即体现污染源排放与对环境质量的影响，体现行业技术水平，刺激缩减污染控制成本。

4.1.1　排污许可证实施的监管目标

排污许可证制度是固定源排放控制的综合性管理制度，以排放标准为核心内容，以监测、记录和报告工作为关键内容的微观政策工具，其本质上体现了污染者付费的原则；综合界定固定源外部性责任，是许可证"一证式"管理不可替代的关键，反映博弈后的社会公平价值。固定源污染控制和治理措施不当，实际上变相享有社会补贴，造成市场扭曲，纵容污染者的污染行为及其污染成本的社会转嫁。

（1）排污许可证监督管理的阶段划分

结合国际先进经验，排污许可证实施的监督与管理，一是确保所界定的企业责任得到履行，理想状态是企业自觉守法、政府有效监管与公众广泛参与；二是保证固定源环境保护信息的收集、流转与应用，既提供守法责任证据，又作为环境统计管理和技术创新支撑，是许可证制度标准方法不断改进的数据基础。也就是说，排污许可证执行的关键是信息。根据里奥尼德·赫维茨的机制理论，供给公共产品，存在严重信息不对称情况下，任何干系人都会选择隐瞒真实信息来获取更大的收益，导致资源配置的帕累托最优难以实现，难以有效权衡配置效率、自愿参与和激励相容。可见，如果许可证监督管理无法保证守法信息的真实有效，无法让信息在不同干系人之间顺畅流转，满足利益相关者对信息的需要，则排污许可证制度本身就面临挑战，也将失去其作为“一证式”监管的权威地位。事实上，许可证实施的监督管理的框架设计正是创建理性的博弈程序，有效制约守法和促进信息流转，实现利益相关者的良性互动。

在许可证制度实施初期，证后监管机制仍属于摸索过程。从机制理论角度，监督管理的有效性目标是从信息效率到激励相容逐步推进，激励相容是在追求个人利益的同时与社会利益最大化目标吻合。当前，排污许可证制度迅速推进，这不仅是由于国内外的先进经验，近年来，环境管理基础能力的建设与积累，也使得排污许可证制度的建设能够高歌猛进。然而，从机制理论的角度，任何制度建设都无法跳跃式的发展，尤其是排污许可证制度的监督与管理，目前国内对排污许可证制度本身的认识还不统一，且往往受到环境影响评价、排污收费、排污申报、环境统计和旧有排污许可证制度的干扰，排污许可证的制定和执行必然会存在逐步推进的过程。

根据国际经验以及机制设计理论，如何从信息效率到激励相容的过程，可以假设和预计许可证实施的监督管理需要经过信息、守法和环境质量三个阶段，每个层面的行动主体分别为政府、企业与公众。事实上，发达国家的信息公开与政策机制的设定已经达到环境质量这个阶段，也就是所谓的激励相容水平，因此发达国家现阶段的监管经验只能是参考，实际操作很难照搬。

（2）排污许可证监督管理的阶段目标

在信息阶段，许可证监管的目标是保证许可证界定的目标与内容达到，并且逐渐通过技术手段和企业管理水平的提高保证数据归真，重点要通过政府监督执法推动企业的守法意识与数据质量。

在守法阶段，是许可证执行的相对成熟期，通过政府和社会的激励机制，许可证监管的目标是企业能够自觉守法。环境作为投资与必然成本考虑，环境保护技术与控制运行成为企业共识，但这并不代表企业不再有违法的动机。

环境质量阶段，公众成为许可证监督与管理的关键，通过理性参与推动政府与企业的环境保护行为，实现精细化的管理。许可证监管的目标是企业广泛认同并承担环境保护社会责任。

排污许可证实施的监督管理体系是为排污许可证制度有效实施服务的，其最终目的是保护生态环境与人群健康。作为监管体系的理想目标是企业自觉守法、政府有效监管与公众广泛参与。

排污许可证实施的监督管理分为三个阶段目标：信息阶段，遵守许可证规定，实现数据归真；守法阶段，企业自觉守法，政府合理监管；环境质量阶段，改善环境质量为目标，公众理性参与。

监督管理三个阶段目标看似理论上可以同时达到，但实际上是逻辑递进的关系。唯有数据归真，自觉守法与合理监管才能成为现实；唯有在真实数据和良性互动下才能够真正保证公众理性参与，才能将博弈引入改善环境质量为目标之中，这里的环境质量目标也将不再是削减某种污染物排放量，而是具有更高的目标。

4.1.2　排污许可的行政许可属性

（1）排污许可证并未赋予企业财产属性和排污权利

依照“经济人”的假设，工业企业为追逐经济利益最大化，面对公共物品会天然漠视负外部性影响，导致市场失灵。许可证“一证式”管理实际上是污染源负外部性影响的量化与解决途径，通过行政许可的过程创设其经营权利的构成性事实。从行政许可的角度来看，排污许可证既是财产权利的再分配，同时也是行为自由的许可，是允许企业在特定区域，从事特定经营活动，并合法排放污染物。

然而，行政许可的属性，并非给予排污单位排放污染物的权利。因为，排污许可的终极目标是保护生态环境，保证人群健康，即环境公共利益，企业排污对公共利益的影响存在不确定性，例如环境科学认知的不确定性所带来的代际公平问题，许可的内容必然置于公共利益权衡的窘境。限于科学研究与技术水平，理想的许可证目标短期内难以达到。尤其是环境质量恶化与公众对健康生活环境的矛盾逐渐激化，环境不再是部门利益，而是国家利益甚至是政党执政基础，这是排污许可的真正推动力。因此，通过行政许可的方式规制企业生产活动，从而保障公众的环境权益，而并非是为企业赋予排污权利。

（2）排污许可监管需要解决的问题

事实上，行政许可本身是赋予了企业某种权利属性，尤其是在资源利用领域，行政许可增加了资源的利用效率。针对环境问题的排污许可证，实际上应该理解为企业对社会责任的许可形式，虽然是管理手段，但其实质仍然是鼓励有序开发利用。在公共利益可利用空间的夹缝中，排污许可创造了一种有价值的有形和无形资源，必然会面临资源配置、限制竞争、权利滥用等问题。

资源配置不均导致的市场失灵源于信息不对称，即环境质量条件下允许的排放浓度和排放量是确定的，且是需要逐渐降低的。为维护排污许可证制度的公平性和对社会资源和环境质量的改善，信息流转畅通与准确能够避免资源的配置不当，因此，许可证的监督管理需要保证污染源监管信息的可获得性。

限制竞争是许可的固定性，即许可流转和退出的自由程度，需要设计合理的经济刺激型管理手段，并非指的是排污权的流转买卖，因为其本质上并没有赋予企业排污的权利，这种权利也就并非是一种财产属性；在这里指的是排污水平的降低，即许可退出，为环境改善或经济增量提供空间。

权利滥用是行政许可面临的主要风险。信息的流转和管理行为往往会停留在许可权人与被许可人之间，其他利益相关者，尤其是受害公众的利益往往被排除在外，政府与企业由于政治和经济上的利益相关关系，加上信息的集中，共同博弈的力量和动机不可避免，排污许可的实施必须要保证第三方和公众代表直接参与的管理机制。

4.1.3　排污许可监督管理的基本原则

与我国的环境管理制度不同的是，根据对国外排污许可制度的研究和对我国排污许可制度改革思路的分析可以看出，排污许可主要有三个特点：突出企业自证守法，管理体现精细化，注重信息的收集与应用。与此相对应，排污许可监督管理必须适应排污许可制度的特点，因此排污许可监督管理应遵循以下几项原则。

（1）以企业自证守法为基础，管理模式进行相应的调整

与以往管理制度不同，不再是单纯由政府去证明企业是否守法、是否达标，而是由企业提供证据自证，政府的重点由直接查企业的排放状况，转变为以查企业自证材料为主，以现场检查为辅。可以说，这样的改变对政府提出了更大的挑战，管理模式也会发生相应的变化。

（2）突出精细化管理水平，发挥监测与台账管理的作用

排污许可制度作为精细化管理的主要手段，在申请与核发阶段对企业提出精细化要求，这主要体现在管理要求的针对性和明确化上。而在证后监管环节，精细化主要体现在对监测和台账的管理和应用上。由于以前的环境管理制度未对企业自证守法、自行监测提出要求，政府的监测能力十分有限，难以支撑精细化管理要求，而排污许可制度首次明确了自行监测要求和台账管理要求，这为精细化管理提供了可能。许可证制度监督管理的研究，也将突出监测与台账的作用，体现精细化管理思想。

（3）突出信息的重要性，为持续改进奠定基础

与以往环境管理制度不同，排污许可制度特别强调信息的重要性，信息的收集和应用，既体现了精细化管理思想，同时也为制度的持续改进提供了可能。管理水平的不断提升、技术的持续进步都需要有信息的支撑，而数据的质量控制、数据的收集和分析应用对此十分关键，因此排污许可监督管理应特别注重信息体系，将信息质量的不断提升作为核心的研究内容。

4.2 各类责任主体职责定位与管理目标分析

开展排污许可制度监督管理体系研究，应从持证单位、各级政府、公众等角色在大气排污许可证实施中应承担的监督管理职责入手，建立大气排污许可证实施的监督管理体系框架，各责任主体职责定位和管理目标总体情况见图 4-1。

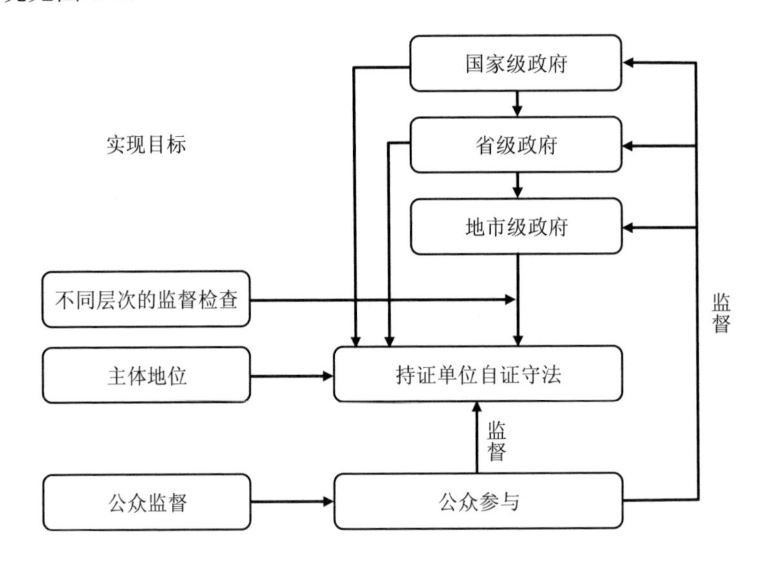

图 4-1 各类责任主体职责定位和主要管理目标

4.2.1 排污许可证持证单位责任与激励

我国排污许可制度要求排污单位应当严格执行排污许可证的规定，明确遵循许可证条款、重污染天气应对责任、自行监测、台账记录和信息公开等。在排污许可证实施的监管信息、守法和环境质量定位下，实际上规定中明确的不仅是遵守许可证的要求，更是兑现许可证申请的承诺，对社会公共利益的责任。

（1）持证单位的持证责任与要求

排污许可证证后监管发展的三个阶段。信息、守法和环境质量，虽然阶段的侧重点不同，但持证单位的责任与要求是相同的，差异在于持证单位自证守法与履行社会责任的水平。排污许可证证后监督与管理主要包括两个方面。

①持证单位自证守法。持证单位自证守法，包括企业自行监测，即根据排污许可证中规定的排放标准，依据监测方案施行自行监测；台账记录，包括企业在生产运营过程中，所涉及的与污染物排放相关的生产装置、主要产品及产能、主要原辅材料、产排污环节、污染防治设施、排污权有偿使用和交易等信息。企业自证守法的最终结论为排污许可证的执行报告。

污染物排放是动态变化的，监测时间、监测方式不同，监测数据也会不同；不同行业、不同管理方式、生产工艺变化、产品、产量和原料变化也会导致污染物排放波动。因此，在许可证中需要根据企业生产特征、污染物的处理水平、污染物排放规律、历史达标记录、受纳水体特性等因素确定合理的监测位置和监测频率，科学反映其排放状况。台账记录则是为企业守法排放的辅助证据链，台账记录与自行监测结果相互印证，从而保证数据的真实性。同时，即使是基于同样的信息数据，不同的达标判别方法也会得出不同的结论，因此还需要确定点源守法或违法的合理判断方法。根据发达国家的经验，如果监测方案和达标判别方法是科学合理的，即使不采用成本高昂的连续监测方式，仍可保证对点源连续达标排放情况的代表性监测，并且更具有成本有效性。

目前，企业自证守法的关键是自行监测方案的制定，以及污染源监测的质量管理体系，质量保证措施包括监测标准方法、量值传递与溯源体系、标准物质管理和实验室检测资质等预防性措施；质量控制措施包括数据核查、异常数据处置、数据审核与改善等纠错性措施。企业自行监测数据、排污许可证平台及守法报告等机制仍然需要长时间磨合和管理水平与意识的提高，这将是不可逾越的鸿沟，需要长时间的积累，许可管理者应当意识到并遵循管理制度发展改进的客观规律。

按照信息、守法和环境的三个阶段，在排污许可证实施的监督管理初期应当将关注点聚焦企业污染物排放信息的准确性，在对持证单位的管理中应当注重企业监测数据的准确性、监测方案的制定和监测数据上报机制，以及污染源监测的质量管理体系的建设。

②持证单位社会责任。持证单位的社会责任，包括许可证变更，企业不仅要遵守许可证的规定，同时也要严密核查和监测许可证制定的依据是否发生变化，如果实际监测结果出现重大偏差，有毒有害污染物排放有遗漏，或者其他许可证规定的条件需要修改或者重新核发许可证时，需要及时上报和申请，也包括出现许可证中违规的行为，例如重大安全事故或者预期都需要及时上报。

信息公开，是对媒体和公众，建立合适的信息渠道，并回应媒体和公众的质疑。

综合来看，正在逐步推进的排污许可证制度已经包括了信息平台、执行报告、自行监测、台账记录、异常报告和信息公开的相关内容。需要重点解决的是四个方面的问题。

第一，自行监测的质量保证与质量控制，企业具有自行监测的责任，自行监测本身就包括质量管理，质量管理的措施是否得当是企业自行监测数据准确性的关键。企业自行监测质量如何认定和质量管理如何保证是在监督管理的关键。因此，企业是自行监测质量管理的主体，对自行监测数据质量负责；政府对自行监测质量管理保证条件和质量控制措施有审核认定、核查的权利。

第二，信息记录与报告要求。目前虽然有明确台账记录和报告的要求，但是具体格式、需要涵盖的内容、执行报告最佳频次、报告形式和对应的主体尚没有明确的规定。其基本的要求应该是，台账能够对应和支撑排污许可证守法信息；报告需要区别对待政府监管和对公众，对待政府监督管理是需要专业性综合报告，对许可证的实施、自行监测的安排、污染物排放达标和许可量的遵守情况进行详细报告。对公众的信息公开可以是简本，对是否遵守了排污许可证的内容、对公众的影响情况明确即可。

第三，异常数据的判断与处理。企业对排污许可证的执行，无论是自行监测还是日常管理，必然存在异常数据的判断和处理问题，在目前的规范和指南中还没有可能对出现的异常数据给出明确要求。这也会导致企业编制的守法报告存在对相同问题的处理差异。

第四，信息公开渠道与范畴。信息时代，信息公开备受重视，在现阶段，公开渠道应该尽量使用网络工具，公开范畴即排污许可证明确规定的项目和要求。但这并不意味着就能满足公众对信息的需要，如何能够满足公众对企业监督管理的需要，建议在排污许可证核发中与公众对话，确定信息公开范畴，见图4-2。

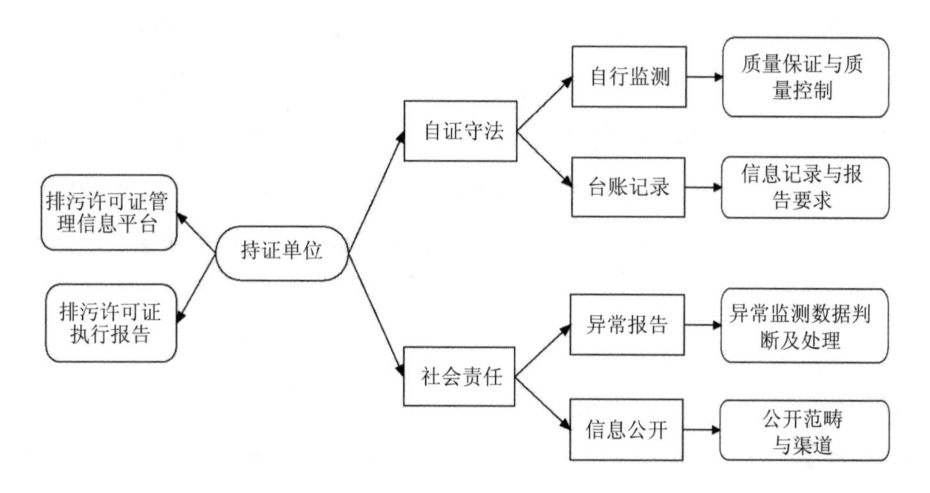

图4-2　持证单位排污许可证实施的基本内容

（2）经济与管理双重的守法激励措施

环境治理的理想状态即污染物“零”排放，激励环境保护技术进步。技术的进步导致可达标准不断严格，从而形成良性循环，促进社会经济发展。短期内具有实践意义的“零”排放应该确立为根据保护和改善生活环境、生态环境，保障公众健康的需要确定优质环境质量水平，任何污染源执行满足以环境质量而设定的排放控制标准。

对企业来说，环境质量的要求越高，改善的速度要求越快，就意味着增加污染治理成本。许可证制定后，基于环境质量的污染物排放标准的制定，其实就已经决定了环境质量目标和改善的速度。由于许可证是严格的命令控制型环境政策，其确定性极强，但灵活性往往不足，因此需要辅以经济刺激和劝说鼓励型政策推进排污许可证执行。

根据“污染者付费”原则，许可证持有者有责任执行排污许可证所规定的内容。排污许可证守法激励必须是基于许可证守法的基础上，由于是对其排污权的限值权利，排污许可证的守法激励必须限定在管理成本和经济刺激的范围之内，且不能够增加或改变排污许可证的内容。

①管理成本。在管理成本上，由于暂行规定中明确不对企业收取排污许可证申请费用，企业在排污许可证管理成本除排污许可证控制要求外，只有许可证的重新申请和守法监测频次两个方面。根据许可证守法情况，如果存在控制技术改进和自愿削减污染物排放量情况的，可以适当延长许可，对于在许可期限内积极配合监督性监测和公众互动的情况下，可以降低再次核发的部分污染物自行监测频次要求，降低企业污染物监测成本。

②经济激励。经济激励型手段关注的排污许可的资源优化配置，许可证并非确定的是排污许可，但是对于先获得排污许可的单位来说，排污对于环境容量来说是资源稀缺的，如果在限定责任的基础上能够进一步减少污染，而这个排污权益并没有转移，相当于排污总量的减少，则应当减免排污税；其次，为合理配置资源，在有限的环境容量下，排污许可可以进行交易。这种交易只能是限于特定的范围与区域，见图 4-3。

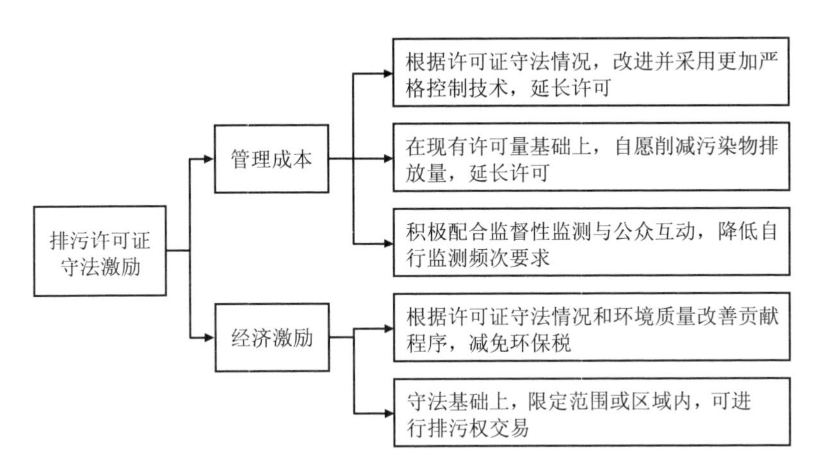

图 4-3　排污许可证推行激励措施设想

4.2.2　政府监督管理与引导

许可证作为一种规制手段的核心条件是需要授权专门的部门或机构，确保对许可条件、程序的严格监督和执行，同时许可机构要有充分的资源来实现这一任务。美国排污许可证制度规定了一种多层级的监督机制，包括联邦政府对州政府的监督；州政府对排污单位的监督；排污单位的自我监督；以及公众和环保团体形成的社会监督。

（1）政府层级间权责与分配

在环境管理体制组织架构方面，我国的生态环境部门从上到下按照政府行政级别，分为国家、省、市三个层级，生态环境部主要负责制定环保相关的法律法规和国家范围内的标准，并对地方环保行政主管部门实施监督；省生态环境厅（局）负责保护本省辖区内的环境质量，制定地方规章及标准，监督下级环保行政主管部门；市级生态环境局对本辖区内的环境质量负责，是环境政策的实施主体。根据《关于省以下环保机构监测监察执法垂直管理制度改革试点工作的指导意见》的要求，省级环保部门对全省环境保护工作实施统一监督管理，在全省范围内统一规划建设环境监测网络，对省级环境保护许可事项等进行执法，对市县两级环境执法机构给予指导，对跨市纠纷及重大案件进行调查处理。市级环保部门对全市区域范围内环境保护工作实施统一监督管理，负责属地环境执法，强化综合统筹协调。县级环保部门强化现场环境执法，现有环境保护许可等职能上交市级环保部门，在市级环保部门授权范围内承担部分环境保护许可具体工作。

固定源排放控制管理模式是“中央政府—地方政府—污染源”，中央政府不行使直接管理固定源权力。由于外部性的存在，地方政府和污染源有相互“勾结”的动机，地方政府有向中央政府隐瞒污染源排放信息的利益驱动。根据笔者的调研了解，现实中确实存在这种状况，而且比较普遍。例如，某钢铁厂作为 S 省 B 市的支柱性产业，对于 B 市的经济收入和就业有特殊的意义，对于这样的地方经济支柱，地方政府是有动力对其保护的，据了解，生态环境部门根本不被允许进入厂区进行污染监测，而且其排污出口的排污沟也被称为“不具备采样条件”。再如，H 省 Z 市也存在类似情况，味精厂作为经济的主要来源，地方政府根本没有动力对其进行监控和控制。在这种情况下，地方政府和污染源被无形的绳索—利益捆绑在一起，实际成了“中央政府—‘地方政府和污染源’”的模式。

原来实施的排污收费制度中协议收费的现象也说明了这点。胡璇等于 2001 年 12 月至 2002 年 3 月在西安、兰州、桂林、银川 4 个被调查城市的 109 个样本资料中可以看到协议收费的两种主要形式：一种是“排污量有明显变化（主要是增加），而交纳的排污费却固定不变”，这种情况的样本占总体的 36%；另一种是排污的企业在被调查年份中的交纳排污费为 0，即排污费完全豁免，这种情形约占 35%，二者总共约占 70%。另外，某些企业在政府按照既定标准核定收费额之后仍然会讨价还价，而地方政府某些情况下也会适当让步，这也是协议收费的一种形式，不过无法进行数据统计。总量控制政策也是如此，由于地方政府的地方保护主义，在基础研究尚不完善的情况下，只是地方政府和中央政府之间的“数字游戏”。

根据国家组织的污染源抽测结果，与 9 个省市 22 个市（重庆、上海以市计）2016 年日常监督监测的超标比例对比，专项抽测结果的超标率比总体监督性监测高 4.8 个百分点。14 个市的专项抽测超标率高于监督性监测超标率，云南楚雄、湖北荆州、江西九江、云南昆明、安徽安庆、重庆、湖南岳阳抽测超标率相较于监督性监测超标率分别高 50.0 个、34.2 个、32.6 个、30.8 个、28.6 个、28.0 个、13.3 个百分点。由此也可以看出，地方对掩盖企业超标排放状况有内在驱动力，上级管理部门通过对源的监管给下级管理部门施加压力非常必要，见图 4-4。

许可证制度的监督管理是典型的“自上而下”的委托代理关系，国家对许可证实施进行统一监管，需要对地方许可证管理机构进行定期或者不定期的检查和评估，督促地方按照生态环境部的要求开展许可证管理工作，并可直接核查并处罚具体的污染源。一旦发现地方许可证管理机构违反了许可证的规定，则依据相关法律对其进行问责。根据上述分析，为了保证排污许可制度的实施效果，有两点需要特别注意：一是上级管理部门要对下级管理部门进行监督与管理，以对下级管理部门的监督管理形成外在压力，保证下级管理部门监督管理力度和效果；二是上级管理部门要保留部分重点源的监督管理职责，以提高对重点源的监管效果，从而提高源的监控水平，降低环境风险。

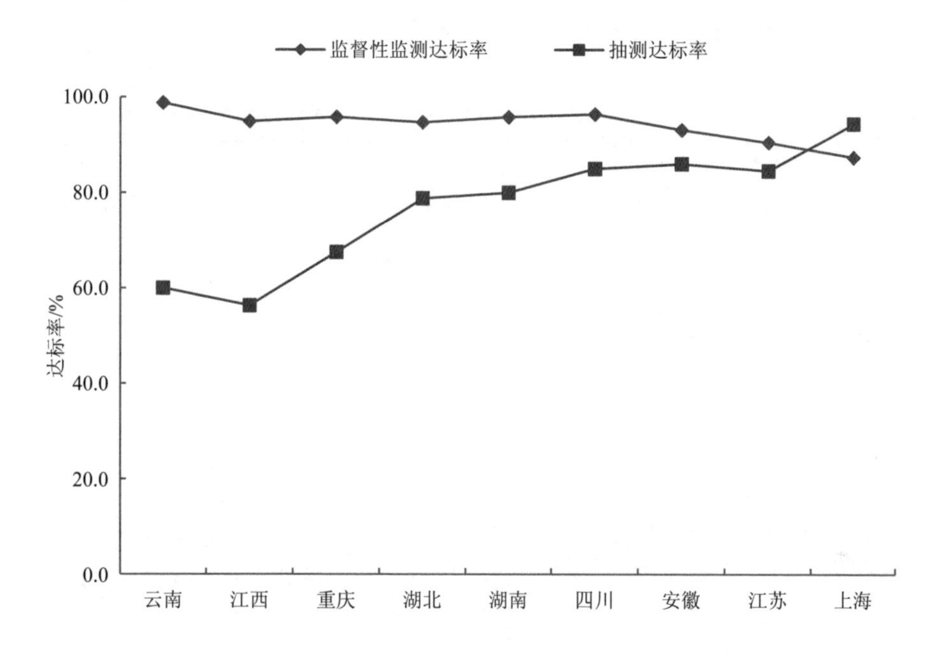

图 4-4　污染源抽测与日常监督监测的超标比例对比情况

政府的监督管理可以包括三个方面，首先是监督性监测，包括现场抽测及通过数据模型对上报数据进行审核；其次是排污许可证执行的监督，包括产品产量的变化情况、生产能力是否有大幅增加、污染处理设施的运行情况等；最后是通过排污许可证守法系统的监控，包括排污许可证执行报告审核与评估、监测数据质量、守法的情况、运行情况和历史数据分析等。生态环境部、省级和市级、派出分局上级对下级进行随机抽查，定期不定期抽查应当对下级政府许可证实施的监督情况进行检查，包括现场监测的频次和内容、管辖内许可证守法情况、许可证核发与处罚的正确与否。

（2）企业自证守法下的政府监管

在许可证范围界定清晰明确后，政府监管的目的是对排污单位的监管执法。持证单位根据许可证的要求自证守法，政府监管则是根据许可证的要求确定企业是否遵守许可证的要求，同时激励并监控改善环境质量的社会和市场进程。

如图 4-5 所示，各阶段政府不同监管重点：

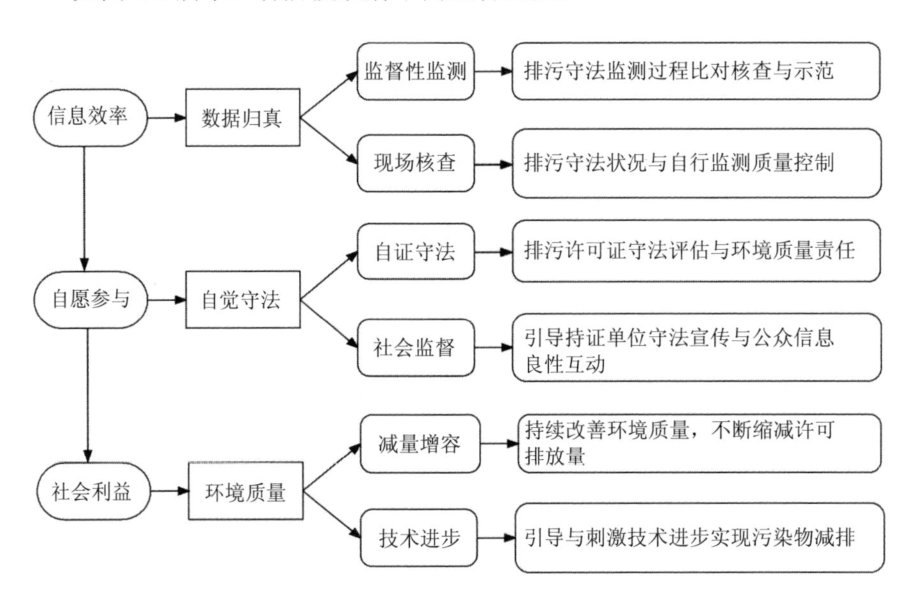

图 4-5　政府在不同监督管理阶段的职责关键

①信息阶段。信息效率阶段是保证排污许可证管理的基础，主要工作是持证单位污染物排放管理与监测的数据归真，环境管理部门需要聚焦监督性监测与现场核查。其中监督性监测需要在验证守法的基础上进一步做好两项工作：排污监测过程的比对核查，验证企业自行监测数据的真实有效；实地监督性监测对持证单位进行监测过程的指导与示范。现场核查则是依据排污许可证规定进行污染处理设施等守法情况的核实，通过对台账记录的核证，监测设备质量保证情况对自行监测数据的质量控制。数据归真后带来的激励与处罚并重，同时提升的是企业的技术水平和政府的监督管理水平，从而所带来的是政府许可证制度监管自

信和企业守法意识的提高。

②守法阶段。持证单位的自愿参与阶段，政府可以评估自证守法报告以验证持证单位是否履行环境质量责任或者实行第三方认证与监督；对自愿守法的企业，政府应当引导进行守法宣传，主动缓释公众环境安全的疑问，正确引导社区和舆论良性互动。

③环境质量阶段。排污许可证的最终目标是为社会利益的最大化，也就是平衡社会发展与环境质量诉求。随着环境科学水平的提高，生态认知与人群健康的威胁认知也会更新，污染控制的目标也是动态变化的，排放标准的目标就是实现“零排放”，在社会利益阶段，政府需要进一步利用许可工具持续减少排放量，持续改进环境质量；同时减量化的基础是技术进步，通过许可证和排放标准等政策手段，引导和刺激技术进步，通过许可证的遵守，推进第三方检测的技术水平，也能够为排污单位的技术发展提供刺激作用，为企业不断提高环境保护设施的运行水平提供正向的激励。

4.2.3　公众参与—环境运动与邻避风险

环境享有权既包括对清洁环境要素的生理享受，也包括对优美景观、原生自然状况的精神和心理享受，而最基本权益是环境安全，而现有的污染源排放现状甚至不足以确保每一个公民的基本环境利益。根据美国的经验，大气许可证实施的监督管理并不仅是许可证的执行，而且是环环相扣、依靠各方责任主体充分发挥能动性，守法与监督之间充分的合作与对立的博弈，且公众参与的程度决定了许可证实施的效果。

（1）公众参与手段—邻避与公平竞争

公众参与是一个广泛的概念，包括媒体和公众。媒体原则上是保持客观的报道，媒体报道也可以说是公众参与的一种形式和参与过程的推动与反映。从美国排污许可证执行的经验来看，公众参与对许可证制度改进起到了决定性的作用。如何理顺公众参与机制是决定许可证有效性和长久性的关键因素。

①个体。普通个体与组织是公众参与的两种形式，普通公众的关注焦

点主要是环境质量，关注个人及家庭健康；其次是财产价值，即个人购置房产或者商户的成本及价值走向。普通公众对工业源的关注程度一般随距离的增加而减弱。近年来，由于公众对环境污染认知和环境权益认识不断提高，政府企业利益共谋和环境影响评价制度公众意见评估的不健全，导致环境邻避事件多发，邻避抗议层级往往会螺旋式提升，邻避冲突双方更难以达成妥协。针对环境空气污染的区域特征，普通公众对工业源的监督也随之突破一定的距离限制。

②组织。然而，普通公众作为工业源的监督者力量是薄弱的，往往强有力的组织能更加有效的监管。组织类型可以分为公益性组织和竞争性组织。公益性组织是站在环境保护公益的角度对工业源进行监督，也或者是普通公众群体组成的临时组织，对企业违法行为进行专业查证与监测。竞争性组织是与工业源有竞争性关系的其他经济组织形式，比如环境资源的竞争性、生产经营的竞争性企业，通过工业源的监督诉求公平竞争。

排污许可证从理论上解决了邻避效应和环境不公平竞争的问题，至少提供了问题解决的基础和讨论范围。政府在公众参与中不应该扮演取代的角色，而是公众理性参与的引导者、企业排污守法信息的提供者、公平竞争机制的倡导者和环境公益的维护者。工业源在许可证守法的基础上，也应当推动科普宣传、绿色生产，并为社区提供就业岗位来应对普通公众的邻避心态；在环境影响评价、政府决策中应当充分考虑邻避效应及公众资产的价值损失；普通公众也要在许可证监督中对违法情况及时举报。同时也重视环境公益诉讼和利益诉讼，鼓励公益性组织和竞争性组织在法制的框架下诉求环境权益和公平竞争地位，从而有效引导公众的参与形式，从无组织非理性的状态变为合作委托的有组织法制形式，见图 4-6。

普通公众，通过排污许可证信息平台和政府信息公开获取企业守法情况资料；政府建立企业与公众理性沟通渠道，促进企业守法真实信息的流转，对企业违法行为和风险情况及时发布和通报；环境保护组织，通过环境调查、环境执法监督等形式监督排污许可证实施效果和效率。

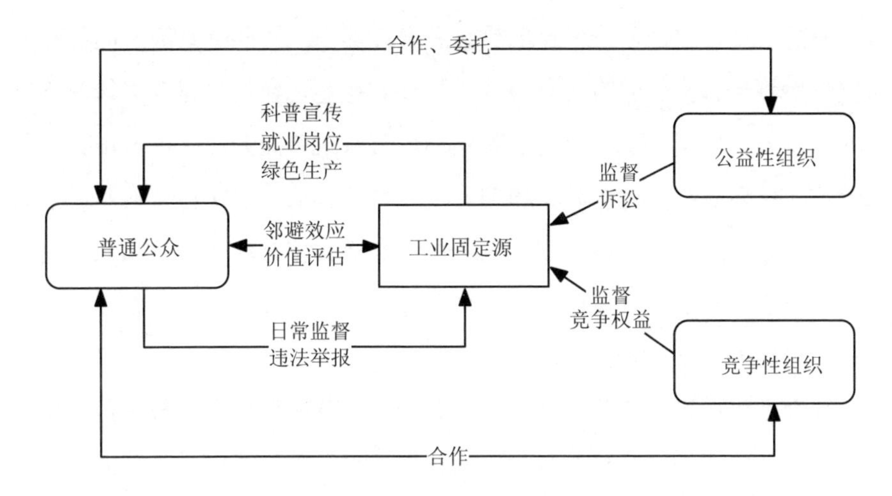

图 4-6 公众参与在排污许可证实施的基本内容

（2）理性参与和信息公开

①解决非理性参与的关键。当个体因环境污染受到巨大的利益损害，而当公众的环境安全基本诉求无效，会诱发群体事件，这是受害者在政府环境规制无效且正当利益表达失败的情况下做出的无奈选择，其本质原因是公众的环境意识觉醒打破了地方政府与部分被规制企业之间的利益均衡。环境群体事件是非理性行为，伴随巨大社会成本损失，尤其是政府的公信力往往受到严峻挑战。解决非理性行为的关键还是确保环境公平，做好环境知情权、决策参与权等公民环境权益保护的制度安排。排污许可证的监督管理为公众理性参与环境监管提供了支撑，让参与变得有的放矢。

②理性参与的基础。保证公众对排污许可证知情权是理性参与的基础，许可证颁发作为行政审批和行政许可必须进行听证，让利益相关公众享有知情权，改变政府与企业之间“暗箱操作”的错误认知惯性。在监督和管理过程中保障公众知情权，依赖于信息渠道的建设和完善。根据多中心理论，不同干系人对应环境质量改善目标具有自己的社会角色，参与到整个社会中的合力选择之中。不同干系人之间的相互影响的能力取决于信息的获取渠道，以及信息的加工使用能力。按照信息不对称理论，在假使信息充分的情况下，所做出的决策是合理的。因此如果任何的干系人都能够纳

入充分的信息渠道中，在广泛的信息公开保障下，不同干系人之间的相互对抗作用将会弱化。因为具有强认同的社会意愿，在信息充分的情况下，不同干系人会根据掌握的信息反映到环境质量改善的合理行动。由此，信息渠道的通畅能够促进资源管理朝环境质量改善的方向转移，而不同干系人之间通过信息的互动协调逐渐也会弱化监管与核查的形式。因此，公众理性参与的关键是政府保证排污许可证守法信息与公众共享，企业对利益相关者有宣传与释疑的责任。

③满足公众参与的信息公开。充分利用许可证信息化平台进行信息公开，包括许可证基本信息、自行监测方案、自行监测数据、许可证守法报告、政府监督执法情况反馈、排污单位环境影响评价信息等，确保政府、公众和第三方机构都能够无障碍获取企业守法信息。各级政府积极应对信息反馈，做好政府排污许可证管理的信息公开。企业根据守法情况，通过各种手段和渠道回应公众质疑，避免产生非理性冲突。

4.3 排污许可制度实施的监督管理体系框架

在我国排污许可制度定位和环境管理体制机制基础上，根据上述研究，提出我国排污许可制度实施的监督管理体系框架，见图 4-7。

本书提出的体系框架为两维框架示意图，既包括一维状态下的监督管理体系构成，也包括二维的时间轴，其中以一维状态下的监督管理体系为主，只是在监督管理重点上会考虑时间维度上的差异。

在业务层上，按照目前我国生态环境管理体制及各地环境管理业务分工现状，将监督管理业务分为监管、执法、监测三个方面。监管为日常的监督管理，监测包括监督性监测、执法监测、排污单位自行监测等，执法重点为执行层面的取证与处罚等。三者存在密切的关联关系，根据监管需求，确定监测要求，监管和监测获得的违法违规线索都可以作为执法的基础，由执法予以落实和实施。

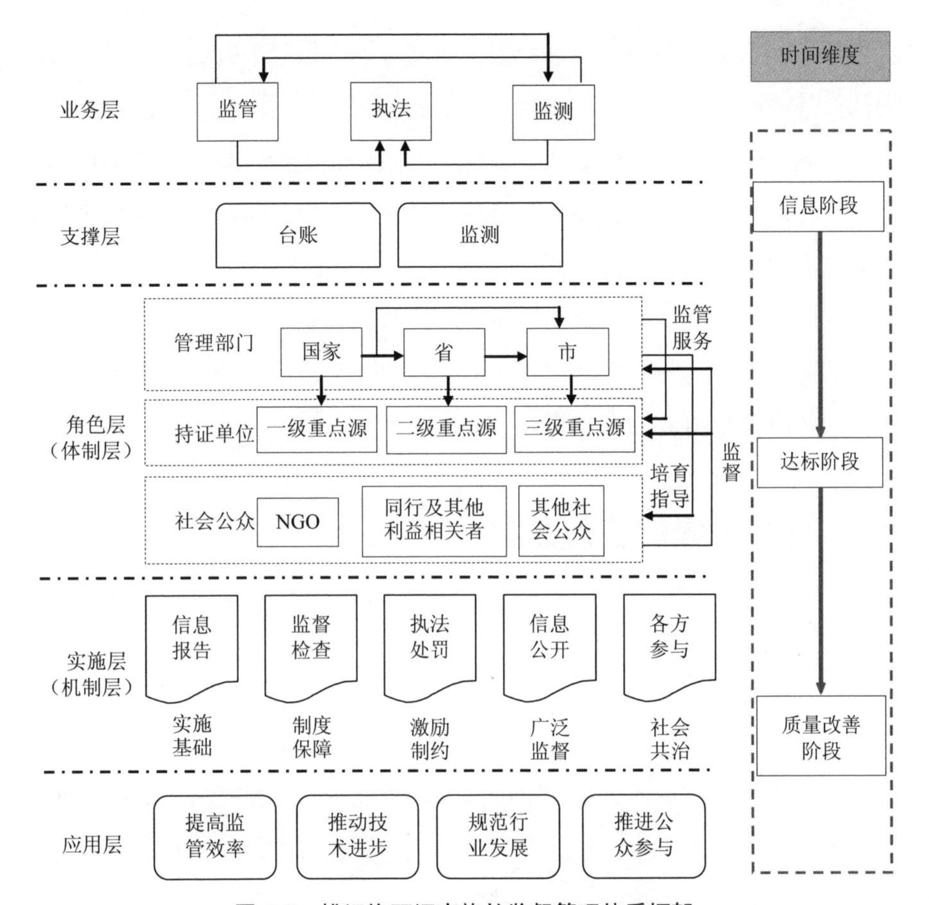

图 4-7　排污许可证实施的监督管理体系框架

在支撑层上，考虑排污许可制度的特点，重点考虑台账和监测两个方面。排污许可制度强调排污单位主体责任的落实和自我说明排放状况，而排污单位说清排污状况的重要途径包括台账记录报告、监测两个主要方面，管理部门对持证单位的监管也重点依据台账、监测两个方面的内容，因此台账、监测是整个排污许可制度实施的监督管理体系的支撑，应作为整个监管活动的基础。

角色层即管理体制层，重点是各责任主体在排污许可制度中发挥何种作用。管理部门对持证单位负有监管和服务的责任，对社会公众负有培养和指导的责任。社会公众对持证单位和管理部门均有监督作用。

实施层即管理机制层，重点是相关责任主体如何在排污许可制度中发挥作用。包括信息报告、监督检查、执法处罚、信息公开、各方参与等方面的内容。

应用层属于排污许可制度监督管理体系与其他管理制度衔接的内容，是将排污许可监督管理结果在其他管理制度中予以应用，从而促进排污许可制度管理体系的持续发展。

在时间维度上，根据前文所述，将其分为信息阶段、达标阶段、质量改善阶段三个时间段，在面向企业的监督管理和政府间监督管理内容上不同时间阶段有所侧重。

4.4 分类分级的管理体制

4.4.1 水污染源

（1）分级分类方式

对于水污染源，主要从三个层次进行分级分类，包括污染源的性质、污染源的排放去向、污染源规模，分级分类框架见图 4-8。各层次具体分级分类方式如下。

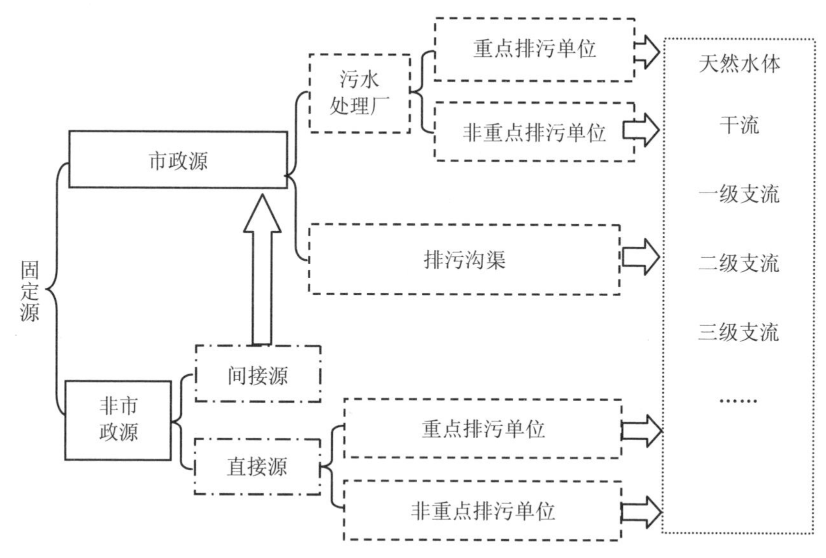

图 4-8 固定源分级分类示意图

首先，根据按照污染源的性质将水固定污染源分为市政源和非市政源。市政源主要发挥污染物的处理的功能，主要责任主体是政府部门。其中最典型的市政源为污水处理厂，污水处理厂主要功能是处理各类污水，同时也由于收集和处理各类污水而成为废水污染物的直接排放者，与环境质量有着直接而密切的关联。虽然，一些污水处理厂并不是直接由政府投资建设和营运的，而是部分或者全部委托私人负责，但是，鉴于污水处理厂在城市水污染物处理方面的作用，以及对城市水环境保护的重要性，政府部门仍然应当在这些污水处理厂的建设和营运中承担重要的责任。除此之外，考虑到未截留的排污沟实际也是各类污染汇合后的集中排放，与环境质量密切关联，排污沟截留对于水环境质量改善具有重要意义，因此未截留的排污沟渠也应当视为污染源，由政府部分负责管理。非市政源一般是一个独立的市场单元，有独立法人，法人为本单位的排污负责。

其次，对于市政源（除排污沟渠）和非市政源，按照污染物是否直接排向天然水体，分为直接源和间接源，这两种源污染物的排放量与水体污染的相关性不同。直接源是指直接向天然水体排放污染物的非市政点源，其排放直接造成对水体的污染；间接源是指并不直接向天然水体排放污染物，而是向污水处理厂或者排污沟排放污染物的非市政点源，间接源的排放并不直接造成对水体的污染。

最后，对于直接源按照污染源的规模，分为重点排污单位和非重点排污单位。一般来说，重点排污单位的生产规模和排放强度都比较大，通过监管重点排污单位进行污染减排的费用有效性高于非重点排污单位。污染源的规模大小的划分界限，根据区域环境质量和污染源管理能力确定。随着环境质量状况、管理能力的变化进行调整。例如，当管理能力提升时，可以将规模划分线调低，从而扩大污染源控制范围，当管理能力不足时，则将规模划分线调高，通过缩小控制范围，集中控制重要的污染源，在既定能力下，寻求最佳的管理效果。

（2）分级分类的管理体制

在水污染源分级分类基础上，按照污染源对环境质量的影响程度，确定水污染源分级分类管理体制，具体框架见图 4-9。

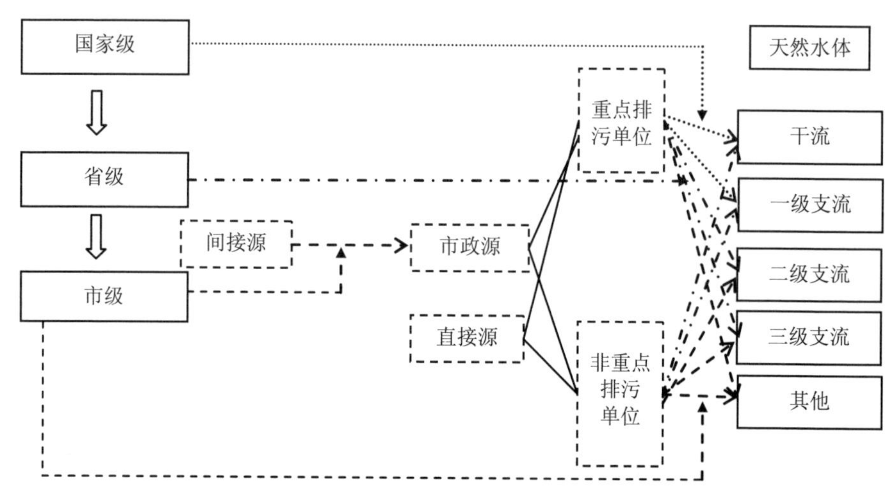

图 4-9 水污染源排污许可分级分类管理示意图

首先，国家级保留排入重要水体大型污水处理厂的监督管理职责。考虑到污水处理厂废水量大，对周边环境质量的影响大，国家级应当保留对直接排向主要水体环境的大型污水处理厂的监督管理职责。建议由国家级直接对废水排入主要河流干流、一级支流的污水处理厂中的重点排污单位进行监督管理。

其次，省级保留部分大型污水处理厂和重要非市政源的监督管理职责。可考虑由省级负责对排入主要河流二级支流、三级支流的污水处理厂中的重点排污单位，以及排入主要河流干流、一级支流的非市政源中的重点排污单位进行监督管理。

最后，市级应作为排污许可持证单位监督管理的主要力量，负责对辖区内污染源的全面监管。其中，间接源由于主要影响市政源的运行状况，重点由市级进行监督管理。除此之外，国家级、省级监管之外的污染源也全部交由市级进行全面监管。

在此基础上，还需要特别说明的是：第一，市级管理部门也同时拥有对国家级、省级负责监督管理污染源的监管权力，并非由国家级、省级监督管理的污染源市级不得进行监督管理；第二，国家级、省级监督管理可以利用自有力量进行监督管理，也可以委托下级机构按照本级提出的要求对污染源进行监督管理；第三，国家级、省级也可以对其他污染源进行监督管理，其中上级对下级负责监督管理污染源的监督检查，其主要目的为评估下级部门是否对辖区内污染源进行了有效监督管理，而并非以监督管理污染源为主要目的。

4.4.2　大气污染源

与水污染源相比，因为没有污水处理厂这类专门处理污染物的排放源，从而没有间接源。从这个角度来说，大气污染源的分类相对简单。对于大气污染源，一般来说，会根据大气排放源的传输扩散能力，将其分为高架源和低架源。

与水污染源类似，大气污染源排污许可分级分类管理框架见图 4-10。国家级仅负责对有战略意义的高架源的监管，这样可以通过对这类源的监管，间接掌握国家经济发展、产业结构等情况，这类源主要包括大型电力企业、有烧结/球团工序的钢铁企业、有水泥窑的水泥企业、石油炼制企业等。

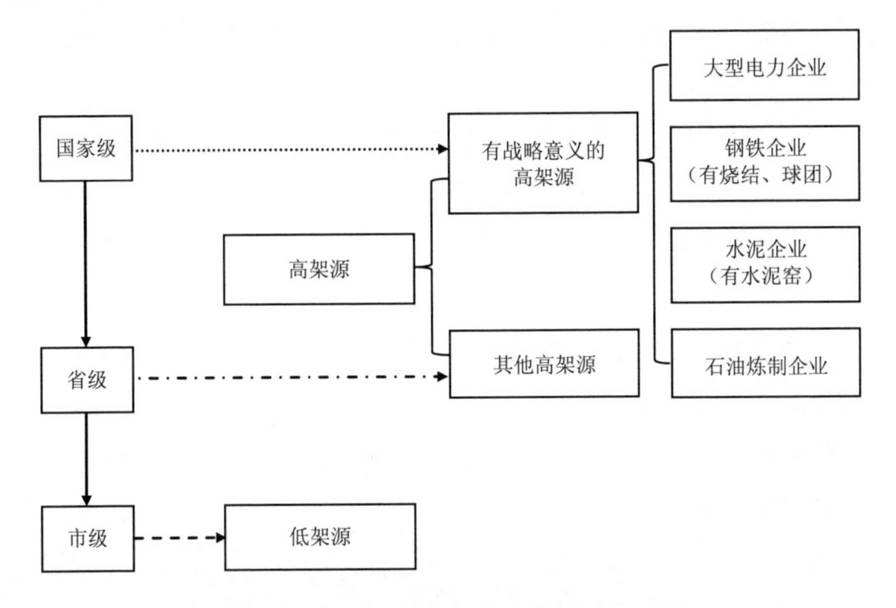

图 4-10　大气污染源排污许可分级分类管理示意图

4.4.3 污染源监测管理体制

排污许可制度下的污染源监测管理体制，应在环保机构监测监察执法垂直管理制度实施基础上进行设计。总体来说，各级管理部门在污染源监测中均不应缺位，应根据排污许可分类分级管理体制下，建立污染源监测网络，明确排污单位、市、省驻市、省、国家五级机构的污染源监测职责。

（1）排污单位的职责

排污单位应根据《环境保护法》等相关法律法规要求，按照相应的标准规范开展监测，并及时公开监测信息。排污许可制度对持证单位自行监测提出了具体而明确的要求，排污单位应依证执行。

（2）市级环境监测机构（现有的县级环境监测机构）职责

市级环境监测机构主要职责是配合属地执法需要开展执法监测，目标是提升执法监测的有效性，能够为监管执法提供有效支撑。

一是要根据监测与监管执法联动快速响应机制的需要，合理安排监测任务和监测活动，减少无效监测、减少监测与执法不相适应的情况。

二是要保证监测活动的规范性，从监管执法对现场取证要求的角度科学开展监测，避免监测取证在处罚与起诉环节被认定为无效，从而失去执法监测的话语权。

（3）省驻市环境监测机构（现有的市级环境监测机构）职责

一直以来，现有的市级环境监测机构是污染源监测的主力，现场监测经验丰富，技术能力较强。垂直管理制度实施后作为省驻市环境监测机构要承担污染源监测技术指导和技术监督的职责。

一是对市级环境监测机构进行技术指导。由于市级监测机构能力弱，经验不足，承担执法监测必然存在一系列问题，如果不加强指导，执法监测无法满足执法的需要，执法监测将会成为环境执法的短板，那么执法监测将陷入被动境地。

二是对排污单位自行监测、市级环境监测机构的监测行为进行技术监督。省驻市环境监测机构在技术能力上具有开展技术监督的条件，在地域上具有属地开展技术监督的便利条件，应承担对属地内重点排污单位自行监测和市级环境监测机构执法监测活动的技术监督，为提升监测数据质量提供保障。

三是当市级环境监测机构无法承接执法监测任务时，及时补位，确保执法监测活动的正常开展。

（4）省级环境监测机构职责

省级环境监测机构应承担辖区内污染源监测综合协调工作，同时开展数据综合分析工作，为管理提供决策服务。

一是对省驻市环境监测机构、市级环境监测机构进行技术指导和技术监督，总体提升全省污染源监测技术能力和监测数据质量。

二是通过不定期抽测、质量检查等活动，对辖区内污染源监测的开展情况、污染源排放状况进行评估。

三是对辖区内第三方检测机构进行技术监督。随着污染源自行监测活动的推进，第三方检测机构承担大量的污染源自行监测活动。第三方检测机构的能力与管理的规范性，直接影响着自行监测数据的质量。省级环境监测机构要对第三方检测机构进行技术监督。

四是对污染源监测数据进行综合分析，支撑管理决策。省级应维护省级污染源监测网络，全面收集污染源监测数据，及时对污染源监测数据进行综合分析，发现问题，提出政策建议。可以开展污染源与环境质量监测数据的关联分析、与社会经济宏观数据的综合分析等工作，把污染源监测数据转化为有效的管理信息。

（5）国家环境监测机构

国家环境监测机构主要承担污染源监测国家事权的技术支持工作，具体包括：

一是统一污染源监测要求，主要是建立和完善基本满足污染源监管要求的监测技术路线、技术规范和分析方法体系，统一污染源监测操作规范和质量要求。

二是加强污染源质控管理，建立污染源监测质量核查与巡查制度，加强对污染源监测的质量控制，组织开展跨省区污染源监测质量的交叉检查、巡查与抽测。

三是建立污染源监测数据平台，建设全国污染源监测数据管理与信息共享系统，实现全国各类污染源监测数据采集和发布工作，开展数据综合分析，为国家环境管理决策提供信息支持。

4.5 关键支撑业务管理机制完善

4.5.1 污染源监测管理机制

（1）管理目标

为满足新的形势要求，解决污染源监测的突出问题，污染源监测应实现以下两大管理目标。

一是为污染源排放监管执法提供技术支撑。监测是手段，监管是目的。污染源监测应为污染源排放监管提供证据，促进污染源排放监管水平的提升，服务精细化监管执法的需要。监管执法对证据有严格的要求，污染源监测必须与此相适应，能够为排放监管提供有效的技术支撑，既包括准确获取排放浓度结果，也包括准确获得排放量结果。

二是建立污染源监测网络，为科学决策提供信息支持。在“大数据”时代，依托数据综合分析，为管理决策提供信息支持是时代要求。污染源监测数据覆盖面广，数据量大，有丰富的信息可以挖掘，能够为管理提供多方面的信息支持。应建立污染源监测网络，收集各方面的监测数据，为科学决策提供支持。一方面数据要完整，政府、企业的监测数据都要进行收集，不仅要覆盖所有开展监测的重点排污单位，还要覆盖所有污染物指标；另一方面数据质量要高，所有监测数据要符合相关技术规范的要求。

（2）工作任务

一是开展技术监督，保证各类污染源监测数据符合质量要求。排污单位、第三方检测机构、下级环境监测机构的监测活动都能纳入技术监督的范围，以获得符合质量要求的监测数据。我国排污单位、第三方检测机构开展污染源监测处于起步阶段，企业的技术基础和管理部门的监管基础都很薄弱，监测数据质量参差不齐。除企业恶意造假等行为外，更普遍的是监测过程不规范，监测数据质量处于失控状态。各级环境监测机构污染源监测质量控制薄弱现象也普遍存在。根据《环境保护法》监测数据应向公众公开，一旦数据质量受到公众质疑，而技术监督明显缺位的话，必然影响政府形象和公信力。污染源监测环节多、干扰因素多、技术难度大，必须由专业人员进行技术监督。

二是开展执法监测，为监管执法提供直接的证据支撑。随着管理水平的不断提升，精细化管理对监测数据的需求会不断加大。管理部门开展执法活动时，必须有相应的监测数据作为证据。违法排污案件查处、起诉过程中，对证据的要求很严格。只有严格符合相关规定和规范的监测数据才能够支撑执法，这对执法监测提出了很高要求。

三是进行数据分析与信息发布，服务管理决策和公众知情。建立污染源监测网络，确保污染源监测信息的全面收集。落实《环境保护法》，做好污染源监测信息发布工作，确保公众环境知情权，为公众监督污染排放提供便利。对污染源监测数据进行综合分析，识别污染排放和监管存在的问题，为管理决策提供支持。

（3）完善污染源监测技术体系

对污染源监测全过程进行梳理，以满足污染防控和监管对污染源监测的需求为目标，建立涵盖全要素、全指标、全过程的污染源监测技术体系，明确监测方案制定、监测过程、数据处理、监督考核等各方面的要求，为提高我国污染源监测数据的代表性、准确性、精密性、可比性和完整性提供技术支撑。当前，可开展以下具体工作：

一是对排放标准中要求监测但没有相应标准监测方法的监测指标，研究制定标准可行性，制定出台相关的标准规范，补齐体系中存在的短板；二是根据环境管理对污染物指标开展在线监测的需要，有序开展相关指标自动监测规范和自动监测设备的安装和验收等系列标准的研究；三是根据执法监测的需要，加强遥感协同监测、便携式现场快速监测设备技术验证，研究建立监测标准；四是征求各地对现有方法、规范不适用、不好用的条款，制定相应标准的制修订计划，逐步增强技术体系的连续性、系统性、科学性。

（4）规范污染源监测信息应用和共享

污染源监测数据转化为污染源监测信息时，应遵循一定的规则和规范，这样的评价结果才是确定的，不同主体处理后的信息才可比。

一是制定监测数据审核与处理技术规范。重点针对自动监测数据，明确数据收集和传输过程中的审核技术要点，通过软件自动审核与人工经验审核相结合的方式，完善从数据获取到数据发布前的质量控制，形成可用于进行结果评价、数据共享、综合分析的有效的数据序列。

二是制定监测结果评价办法。针对企业污染源及排放口多、涉及污染物多等特点，综合考虑企业自行监测数据、环保部门执法监测数据等多来源数据，设计满足管理需求和公众需要的综合性参数或指标，并根据不同参数或指标的目的制定相应的结果评价办法，从而将相对分散的“监测数据”转换为相对集中的“监测信息”。对于周边环境质量影响监测，建立能够客观反映排污单位影响和风险预警的结果评价办法。

三是制定全国重点污染源监测数据共享办法。结合管理部门需求和相关部门对数据共享的要求，定期向相关部门进行数据推送。通过制定全国重点污染源监测数据共享办法，明确数据共享内容、共享方法、共享数据处理要求等。另外，根据信息公开相关规定，明确全国重点污染源监测数据发布要求，以及配套相关技术规定。

（5）强化污染源监测数据质量控制

从责任主体来说，将排污单位、第三方检测机构、环境监测机构等各主体的污染源监测活动纳入质量管理体系中；从监测环节来说，将污染源监测的全过程纳入质量管理体系。通过强化污染源监测质量管理，使各种污染源监测数据都能够受控，从而整体提升污染源监测数据质量。当前，可开展以下具体工作：

一是建立针对自动监测系统的质量管理技术。开发相应的软硬件系统，自动记录自动监测系统的质控、校验过程以及有助于反映自动监测设备运行状况的相关参数，从而支撑对自动监测系统的监管和评估。

二是制定针对监测机构的监测质量核查技术规定。通过对监测机构监测台账等相关资料的检查，以及现场操作检查等形式，对监测机构监督性监测开展的规范性进行评价，推动监督性监测质量的提升。

三是制定针对排污单位的监测质量核查技术规定。地市级环保部门应每年对辖区内重点污染源开展一次自行监测的全面质量核查，核查内容包括监测过程规范性、信息记录全面性、监测结果的合理性等各个方面。通过核查，对企业监测开展情况进行综合评价，提出完善自行监测及质量控制的相关建议，促进企业监测数据质量的提升。

四是制定针对第三方检测机构的核查技术规定。核查内容包括监测开展的规范性、信息记录的全面性、与委托单位质量控制措施的衔接性等方面。

4.5.2　台账与执行报告质量管理机制

（1）质量管理与质量控制体系

对于管理台账与执行报告的质量管理与质量控制体系，分别从持证单位和管理部门两个角度来进行说明，具体见图 4-11。

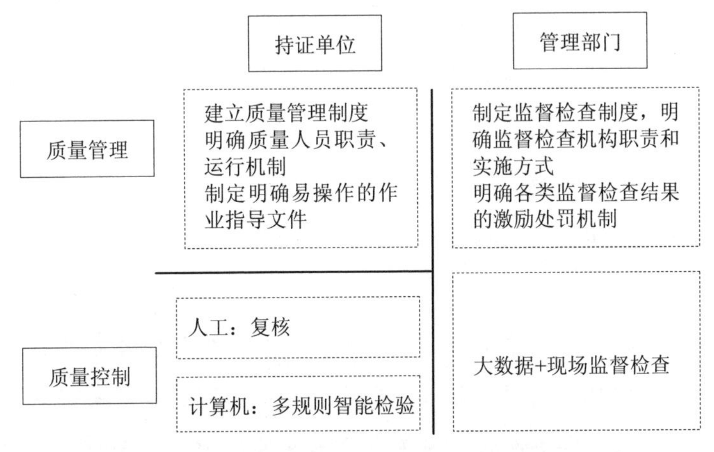

图 4-11　排污许可台账与执行报告质量管理体系框架

对于持证单位来说，应从质量管理与质量控制两个方面提高信息质量。在质量管理方面，应重点建立质量管理制度，以规范信息质量管理整个过程的运行，包括建立质量管理机构、明确各类人员职责分工、明确质量管理运行机制。同时，为了使质量管理过程能够规范和确定下来，应当制定明确易操作的作业指导文件，所有相关人员都应当按照作业指导文件规范执行。在质量控制方面，持证单位需要执行的内容则更加琐碎而具体，所有质量控制相关人员，都应当严格按照质量管理文件做好各项操作。简单来说，在台账与执行报告质量控制过程中，可以通过人工复核和计算机智能检查两种方式实现，即通过人工经验复核或者与原始资料复核提高信息的准确性，对于通过计算机进行记录和报告的内容，可以通过内置各种审核规则对异常情况进行提醒，降低出现错误的概率。

对于管理部门，由于较少涉及信息的录入和报送，更多的职责在于发挥质量管理的作用，而质量管理的实施在于对持证单位是否按照规定的要求执行，以及通过对结果的检查发现持证单位实施过程中存在的问题及发生的错误现象。因此，管理部门质量管理的重点在于制定规则，并按照规则执行。规则的载体为制度，包括制定监督检查制度、明确监督检查机构职责和监督检查方式。同时，为了保证监督检查对于持证单位是有效的，能够形成足够震慑作用，管理部门还应当在质量管理中明确各类监督检查结果的激励处罚机制。从实施手段上来说，目前可以充分利用大数据分析和现场监督检查相结合的方式来实现对持证单位的监督管理和信息的质量管理。

（2）多源信息集成思路

按照信息收集、传递体系流程，结合当前已有污染源排放信息业务系统，本书对各业务系统的主要功能和各系统间数据流向进行了梳理，提出排污许可证相关信息系统集成框架，见图 4-12。由于污染源排放信息涉及面广，每个方面的内容都很复杂、很庞大，而现有的业务系统已经实现了部分功能的开发，应充分发挥现有业务系统的作用，将各业务系统有效关联，每个业务系统将某一方面的内容做精做强，不同系统间数据共享、互通，最终集成为全国的排放清单系统，形成精细化的排放清单，实现与环境质量的关联耦合。

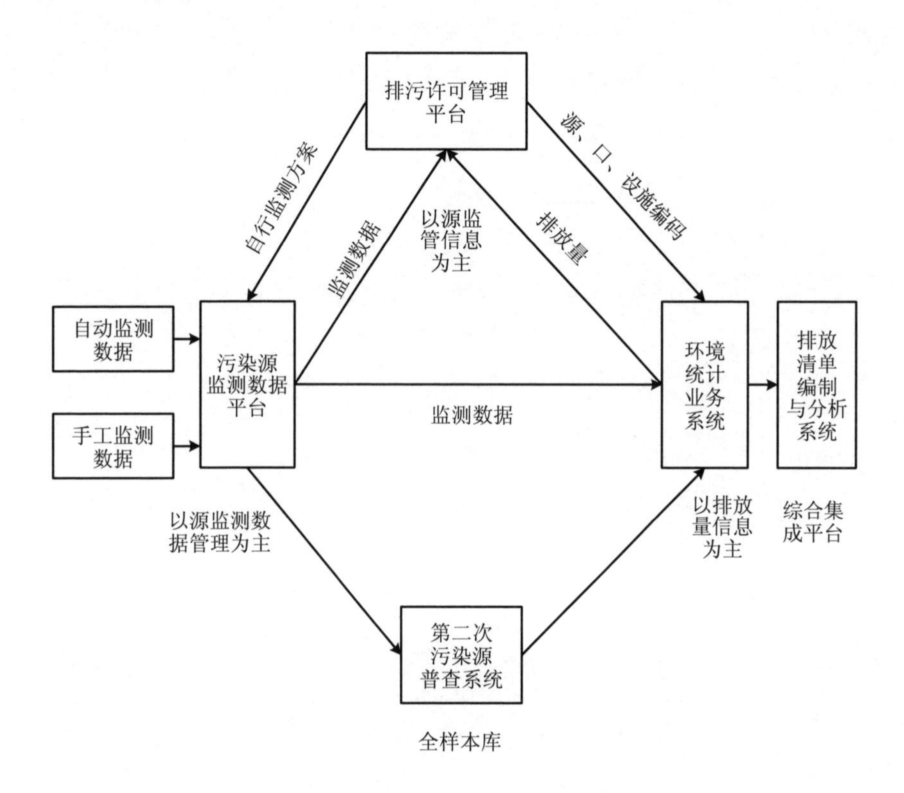

图 4-12　排污许可证相关信息系统集成框架

第5章

持证单位自证守法关键技术研究

5.1 持证单位自证守法的基本思路

按照现有管理制度规定，持证单位依法申领排污许可证，按证排污，自证守法。排污单位应依法开展自行监测，保障数据合法有效，妥善保存原始记录。建立准确完整的环境管理台账，记录能够证明其排污状况的相关信息，形成一套完整的证据链，定期、如实向环保部门报告排污许可证执行情况。

总结国内外相关经验，从理论上分析，持证单位自证守法主要通过两个途径实现：一是自行监测，这是直接证明持证单位排放状况的行为，通过监测直接获取排放的污染物浓度和总量，进而可以实现与浓度、总量限值进行比对，也可以实现与其他排放源对比。这种方式最为直接，监测结果直接反映排污状况，但是由于监测数据易受到生产工况的影响，监测数据的代表性、真实性、客观性都需要通过一系列质量控制措施、甚至是管理制度的保障。同时，末端的排放监测是成本较高的一种方式，无论是对排污单位，还是整个社会，都会带来经济成本。二是运行管理台账记录，这是通过记录生产运行、环境管理相关信息，通过说明正常生产运行、运行维护污染治理设施等证明其污染产生、治理、排放状况。这种方式虽然不能够直接说明污染物排放水平，但因为污染物产生、治理、排放有很强的关联性，可以间接说明排放状况。而且，由于生产运行状况是生产单位自身生产所需要的，真实性更强、准确性更高，且不像监测数据会受到各种因素的影响，对于排污单位自证守法也是十分重要的。

对于监测，主要通过排放监测和对周边环境质量影响监测来证明排放是否达标、对周边环境质量是否存在影响。对于排放监测很容易理解，正如上文所述，是直接用于判定排污单位是否依法排污的证据来源。对于周边环境质量影响监测，对于及时发现排污单位对周边环境质量影响状况、最大限度控制环境风险、有效避免出现无法逆转的突发环境事件具有重要意义。《大气污染防治法》第七十八条规定，排放有毒有害大气污染物的企业事业单位，应当按照国家有关规定建设环境风险预警体系，对排放口和周边环境进行定期监测，评估环境风险，排查环境安全隐患，并采取有效措施防范环境风险。《水污染防治法》第三十二条规定，排放有毒有害水污染物的企业事业单位和其他生产经营者，应当对排污口和周边环境进行监测，评估环境风险，排查环境安全隐患，并公开有毒有害水污染物信息，采取有效措施防范环境风险。

对于运行管理台账记录，一方面记录生产运行管理状况，用于说明排污单位运行管理是否到位。对于污染治理设施而言，运行管理的好坏，对污染治理设施运行状况影响很大，只有运行管理到位，才能够保证治理设施发挥最大的治理效率。另一方面，通过运行管理台账记录资料，与监测数据、排放量核算信息进行相互校验，这是“审计式”执法的基础。对于排污单位而言，因为单一来源的信息会受到各种因素的影响，用单一来源的信息证明排污状况往往不够“具有说服力”，而各种信息能够相互印证，则能够更好地证明排污状况，对于自证守法才更具说服力。

对于自行监测，首先，监测点位、监测指标、监测频次设计是否科学合理至关重要，监测结果处理是在特定监测方案下的结果，所以监测方案的代表性对于判定和分析排污单位排污行为具有重要的意义。其次，监测数据质量控制是监测数据质量的保障，可控的数据质量是基于信息开展排污单位监管的基础。最后，对于监测数据，尤其是自动监测数据，受到仪器设备和监测环境影响，难以避免地会出现无效数据或其他异常数据，异常数据处理是一项基础性的工作。

对于运行台账记录报告，应根据排污许可证管理特点，合理设计记录内容，减少信息冗余、降低关键信息缺失，见图 5-1。

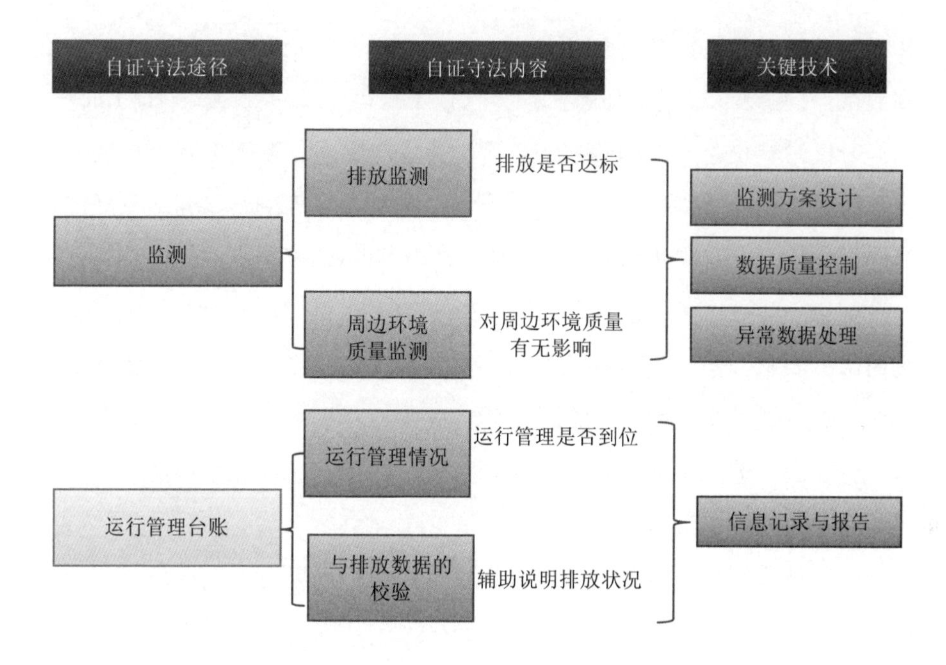

图5-1　排污单位自证守法主要途径和关键技术

5.2　监测方案设计研究

5.2.1　监测方案设计研究现状和问题识别

（1）现有标准规范对监测频次规定不全

根据监测的目的，监测主要是为了证明排放是否达标、对周边环境质量是否有显著影响，那么监测方案设计的主要依据应当为排放标准，其次为周边环境质量特殊情况。对于每个排污单位来说，生产工艺产生的污染物、不同监测点位执行排放标准和控制指标、环评报告要求的内容都有不同情况及独特内容。虽然各种监测技术标准与规范已从不同角度对排污单位的监测内容做出了规定，但不够全面。监测频次是监测方案的核心内容，但现有标准规范对监测频次规定不全。

以造纸工业企业为例，《制浆造纸工业水污染物排放标准》（GB 3544—

2008）中仅规定了二噁英 1 年开展 1 次监测，未涉及其他污染物指标的监测频次；《建设项目竣工环境保护验收技术规范　造纸工业》（HJ/T 408—2007）仅对验收监测期间的监测频次进行了规定，且频次过高，不适用于日常监测要求；《环境影响评价技术导则　总纲》（HJ 2.1—2011）仅规定要对建设项目提出监测计划要求，缺少具体内容；《国家重点监控企业自行监测及信息公开办法（试行）》（环发〔2013〕81 号）对国控企业的监测频次提出部分要求，但是作为规范性管理文件，规定的相对笼统，无法满足量大面广的造纸工业企业自行监测方案编制要求。

在我国，造纸工业已属于管理相对规范的行业，其他管理基础相对薄弱的行业问题更加突出。

（2）现有管理制度对监测的要求过于简单，未针对不同排放源污染物排放特性确定监测要求

监测是污染排放监管必不可少的技术支撑，具有重要的意义。对于监测频次要求，目前监测、监管部门在部分管理制度中提出部分要求，例如，《国家重点监控企业自行监测及信息公开办法（试行）》中提出二氧化硫、氮氧化物按周开展监测；地方有提出 20 蒸吨以上锅炉应安装自动监测设备。这些规定较为笼统，基本采取简单“一刀切”的方式对监测频次进行规定。部分行业针对重点排放源有相对细化的规定，以钢铁行业为例。

《钢铁行业规范条件》（2015 年修订）规定：“钢铁企业须具备健全的环境保护管理制度，配套建设污染物治理设施，烧结机头、球团焙烧、焦炉、自备电站排气筒须安装颗粒物、二氧化硫、氮氧化物在线自动监控系统，全厂废水总排口须安装在线自动监控系统，并与地方环保部门联网”。另外，规范条件符合性分析中要求“说明水污染物、大气污染物排放达标情况，以及厂界噪声达标情况，并列出执行的排放标准。对存在排放重金属、有毒有害化学物等持久性污染物的企业，应提供特征污染物监测历史数据”。

《焦化行业准入条件》（2014 年修订）适用于新（改、扩）建焦化企业，包括炼焦、焦炉煤气制甲醇、煤焦油加工、苯精制生产企业。要求“炼焦企业应规范排污口建设，焦炉烟囱、地面除尘站排气烟囱和废水总排口按

照环境保护主管部门相关规定设置污染物排放在线监测、监控装置，并与环境保护主管部门联网。纳入国家重点监控名单的焦化企业，应按要求建立企业自行监测制度，向属地环境保护主管部门备案自行监测方案，并在环境保护主管部门统一组建的平台上公布自行监测信息"，其中焦炉推焦工艺明确要求应建设地面站除尘设施。

《关于 2014 年上半年污染源自动监控数据传输有效率考核工作的通报》（环办函〔2014〕978 号）提出了"钢铁行业应实施自动监控系统的主要大气污染源点位清单"，见表 5-1。

表 5-1　钢铁行业应实施自动监控系统的主要大气污染源点位清单

序号	工艺	自动监控点	应监测的污染物
1	烧结	机头除尘	颗粒物、SO_2、NO_x
2		机尾除尘	颗粒物
3	球团	炉窑焙烧烟气	颗粒物、SO_2、NO_x
4	炼焦	焦炉烟囱	颗粒物、SO_2、NO_x
5	炼铁	高炉出铁场	颗粒物
6		供料除尘	颗粒物
7	炼钢	转炉二次烟气	颗粒物
8	自备电站	发电机组除尘	颗粒物、SO_2、NO_x

注：1）当炼铁供料除尘系统排气筒分散较多时，可不考虑实施自动监控；

2）当炼钢使用电炉工艺时，电炉一次及二次烟气除尘系统应设为监控点并实施自动监控；

3）排放颗粒物的点位应当安装监控设备，但不列入数据传输有效率考核。

然而监测是需要成本的，应在监测效果和成本间寻找合理的平衡点。"一刀切"的监测要求，必然会造成部分排放源监测要求过高，从而引起浪费；或者对部分排放源要求过低，从而达不到监管需求。因此，需要专门的技术文件，从排污单位监测要求进行系统分析，进行系统性设计，提高监测的精细化要求，提高监测效率。

（3）《排污单位自行监测技术指南　总则》提出一套制定自行监测方案的系统性方法，但论证不够充分

①《排污单位自行监测技术指南　总则》提出的监测方案设计思路。根据《排污单位自行监测技术指南　总则》，在制定排污单位自行监测方案时，应从以下几个方面考虑。

a. 系统设计，全面考虑。开展自行监测方案设计，应从监测活动的全过程进行梳理，考虑全要素、全指标，进行系统性设计。

覆盖全过程。按照排污单位开展监测活动的整个过程，从制定方案、设置和维护监测设施、开展监测、做好监测质量保证与质量控制、记录和保存监测数据的全过程各环节进行考虑。

覆盖全要素。考虑到排污单位对环境的影响，可能通过气态污染物、水污染物或固废多种途径，单要素的考虑易出现片面的结论。设计自行监测方案时，应对排放的水污染物、气污染物，噪声情况、固废产生和处理情况等要素进行全面考虑。

覆盖全指标。排污单位的监测不能仅限于个别污染物指标，而应能全面说清污染物的排放状况。至少应包括对应的污染源所执行的国家或地方污染物排放（控制）标准、环境影响评价文件及其批复、排污许可证等相关管理规定明确要求的污染物指标。除此之外，排污单位在确定外排口监测点位的监测指标时，还应根据生产过程的原辅用料、生产工艺、中间及最终产品类型确定潜在的污染物，对潜在污染物进行摸底监测，根据摸底监测结果确定各外排口监测点位是否存在其他纳入相关有毒有害或优先控制污染物名录中的污染物，或其他有毒污染物，若有，也应纳入监测范围。尤其是对于新的化学品，尚未纳入标准或污染物控制名录的污染物指标，但确定排放，且对公众健康或环境质量有影响的污染物，排污单位从风险防范的角度，应当开展监测。

b. 体现差异，突出重点。监测方案设计时，应针对不同的对象、要素、污染物指标，体现差异性，突出重点，突出环境要素、重点污染源和重点污染物。

突出重点排放源和排污口。污染物排放监测应能抓住主要排放源的排放特点，尤其是对于废气污染物排放来说，同一家排污单位可能存在很多排放源，每个排放源的排放特征、污染物排放量往往存在较大差异，“一刀切”的统一规定，既会造成巨大浪费，也会因为过大增加工作量而增加推行的难度。因此，应抓住重点排放源，重点排放源对应的排污口监测要求应高于其他排放源。

突出主要污染物。同一排污口，涉及的污染物指标往往很多，尤其是废水排污口，排放标准中一般有 8～15 项污染物指标，化工类企业污染物指标更多，也应体现差异性。以下四类污染物指标应作为主要污染物指标在监测要求上高于其他污染物：一是排放量较大的污染物指标；二是对环境质量影响较大的污染物指标；三是对人体健康有明显影响的污染物指标；四是感观上易引起公众关注的污染物指标。

突出主要要素。根据监测的难易程度和必要性，重点对水污染物、气污染物排放监测进行考虑。对于造纸行业则更加突出废水污染物的监测。

c. 立足当前，适度前瞻。为了提高可行性，设计监测方案时应立足于当前管理需求和监测现状。首先，对于国际上已开展而我国尚未纳入实际管理过程中的监测内容，可暂时弱化要求。其次，对于管理有需求，但是技术经济尚未成熟的内容，在自行监测方案制定过程中，予以特殊考虑。同时，对于部分当前管理虽尚未明确，但已引起关注的内容，采取适度前瞻，为未来的管理决策提供信息支撑的原则，予以适当的考虑。

②《排污单位自行监测技术指南　总则》提出的监测方案存在的问题。尽管《排污单位自行监测技术指南　总则》提出了一套能够指导现有排污单位制定监测方案的指导性方法，但仍存在以下方面的问题：

首先，由于我国自行监测基础薄弱，缺少数据积累，因此在监测方案制定过程中论证不足。仅提出了原则性的要求，但各行业监测方案制定过程中如何区分不同排放源贡献率差异未做研究；对不同行业相同排放源如何实现匹配，也没有进行细致的说明。

其次，经济效益分析不足，对监测成本和环境效益的关系没有充分论证，其中目前数据不足是该项工作未开展的重要原因。

最后，在体现污染物差异上尚有不足之处。一是对于特征污染物，因为监管基础薄弱，缺少研究基础，监测频次的确定差异性较小，不能充分体现特征污染物的特点。二是对于常规污染物，由于受到主要污染物总量减排的影响，多数情况下仍然有“一刀切”的痕迹。

5.2.2 监测方案设计要点和研究重点

在上述研究的基础上，本书认为监测方案设计还应重点关注以下方面。

（1）加强对特征污染物的研究

目前发布的这一系列的行业自行监测指南取得了一些突破，但也存在一些不够理想的地方，主要体现在对特征污染物的监测要求考虑不够细致。与常规污染物相比，我国对特征污染物的研究不足，技术储备相对薄弱，监管相对落后，这对科学确定特征污染物自行监测要求存在制约，具体体现在以下三个方面：

一是有毒有害污染物名录尚未发布，各行业重点关注的特征污染物，尤其是有毒有害污染物范围不够明确。

二是特征污染物的治理技术相对不足，很多都是通过对常规污染物的治理而实现对特征污染物的协同治理。如火电厂汞、水泥厂氟化物等，目前都没有专门针对这些污染物的治理技术，本着监测服务监管的原则，如果监测无法起到促进企业做好污染治理的作用，那么监测的效益就会大打折扣，因此暂未提出过高的频次要求。

三是监测技术发展和能力储备相对不足，特征污染物的监测技术方法成熟度大多不高，监测操作便利性不够和成本往往高于常规污染物。这类污染物一般都要委托社会化检测机构开展监测，而社会化检测机构能否负担猛然突增的监测任务值得考虑。正是基于以上考虑，在自行监测起步阶段，充分考虑与现有管理和技术基础的衔接，并没有对特征污染物提出过高监测要求。

随着环境管理不断发展，特征污染物的治理技术日趋成熟，监管也将更趋向于精细化，监测技术和能力将得到快速发展，这必然推动特征污染物监测的发展，重点行业重点特征污染物的自行监测要求将会得到加强。

（2）加强对排放源特征的分析论证

建立在一定数据量基础上的监测方案设计时，应充分利用已有数据，对不同排放源的排放特征、贡献率、稳定性进行充分论证，真正能够实现对排放量大、波动性强的污染源和污染物提高监测频次，对于污染排放贡献率低、稳定性强的源和指标，降低监测要求。

以钢铁行业为例，对钢铁行业全部排放源进行梳理后，筛选出钢铁工业排污单位的废气主要污染源，见表 5-2。根据对两家不同规模的钢铁联合企业废气实际排放情况分析，主要污染源对应的主要排放口约占企业全部排放口的 25%～30%，废气排放量约占 65%，颗粒物排放量约占 70%，二氧化硫和氮氧化物排放量接近 100%（图 5-2、图 5-3）。

表 5-2　有组织废气主要污染源

生产工序	监测点位
烧结	配料设施、整粒筛分设施排气筒
	烧结机机头排气筒
	烧结机机尾排气筒
球团	配料设施排气筒
	焙烧设施排气筒
炼焦	装煤地面站排气筒
	推焦地面站排气筒
	焦炉烟囱
	干法熄焦地面站排气筒
炼铁	矿槽排气筒
	出铁场排气筒
	热风炉排气筒
炼钢	转炉二次烟气排气筒
	转炉三次烟气排气筒
	电炉烟气排气筒
	石灰窑、白云石窑焙烧排气筒
轧钢	热处理炉排气筒

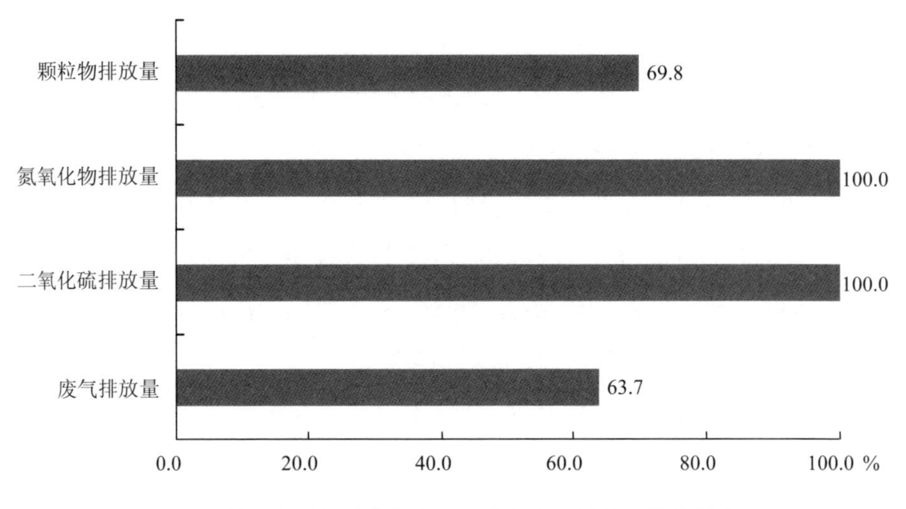

图 5-2 某超大型钢铁企业有组织废气主要排放口排放量占比

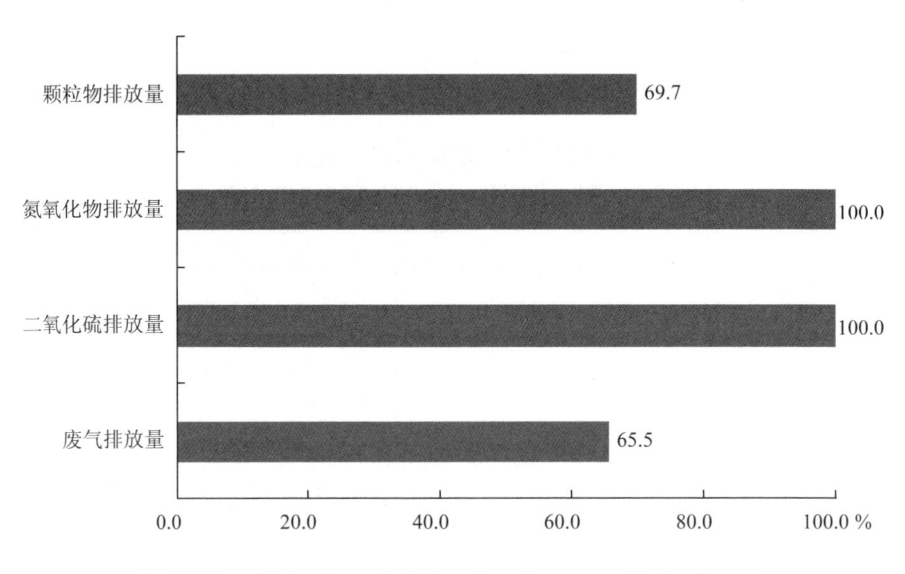

图 5-3 某大中型钢铁企业有组织废气主要排放口排放量占比

（3）加强监测经济成本分析

确定监测频次时，应充分考虑不同频次下的监测经济成本，并分析这样的经济成本对排污单位意味着怎样的经济负担，从一般情况来判定排污单位是否能够承受这样的经济成本。过高的经济成本，会让排污单位因无法承担而选择降低监测要求，加大监测质量不规范的风险。

以某钢铁联合企业为例，根据设计的最低监测频次，进行经济成本试算。基本情况：2016 年工业总产值约 140 亿元，总环保投入约 6 亿元，粗钢产量约 600 万吨。主要生产设备：烧结机 2 座、高炉 3 座、焦炉 3 座、发电锅炉 3 台。核算自行监测年度费用约 610 万元，如以 2016 年环保投入计算，占比约为 1%。

在进行监测经济成本核算过程中，目前最大的难题是，由于社会化检测市场尚未得到规范，存在低价竞标的现象，不同区域经济报价差异很大，并且在实际实施过程中，会存在不同程度的优惠折扣等现象。为了降低不同区域差异的影响，可以采取多地报价平均结果进行核算，但这样必然存在与企业实际情况有一定差异的现象。

（4）兼顾不同行业的差异性和匹配性

不同行业既存在差异性，也有很多行业会存在通用的排放源，如焚烧炉，在很多行业企业中都存在，因此，在研究自行监测方案制定时，按照行业开展研究，体现行业特点的同时，还要兼顾行业间的匹配性。以下几类源的匹配性应作为重点考虑：

一是焚烧炉，按照焚烧的物质类型进行分类，焚烧危险废物、生活垃圾、一般固废的应按照相应的标准规范体现差异，但行业间不应再有区分。

二是原料系统，对于不涉重金属的原料系统，按照仅涉尘、仅涉挥发性有机物等进行区分，同类型排放量较小的排放源，应按照较低的监测频次统一尺度。

三是污水处理等公共系统的废气污染物，除部分化工行业涉及挥发性有机物外，其他的污水处理公共系统按照相同尺度要求。

5.3　持证单位自行监测质量控制技术体系研究

5.3.1　质量体系主要内容

监测质量保证和质量控制是环境监测过程中的两个重要概念。《环境监测质量管理技术导则》（HJ 630—2011）中这样定义：质量保证是指为了提供足够的信任表明实体能够满足质量要求，而在质量体系中实施并根据需要证实的全部有计划和有系统的活动。质量控制是指为达到质量要求所采取的作业技术或活动。

采取质量保证的目的是为了获取他人对质量的信任，是为使他人确信某实体提供的数据、产品或者服务等能满足质量要求而实施的并根据需要进行证实的全部有计划、有系统的活动。质量控制则是通过监视质量形成过程，消除生产数据、产品或者提供服务的所有阶段中可能引起不合格或不满意效果的因素，使其达到质量要求而采用的各种作业技术和活动。

环境检测的质量保证与质量控制，是依靠系统的文件规定来实施的内部的技术和管理手段。它们既是生产出符合国家质量要求的检测数据的技术管理制度和活动，也是一种“证据”，即向任务委托方、环境管理机构和公众等表明该检测数据是在严格的质量管理中完成的，具有足够的管理和技术上的保证手段，数据是准确可信的。

证明数据质量可靠性的技术管理制度与活动可以千差万别，但是也有其共同点。为了实现质量保证和质量控制的目的，往往需要建立并保证有效运行的一套质量体系。它应覆盖环境检测活动所涉及的全部场所、所有环节，以使检测机构的质量管理工作程序化、文件化、制度化和规范化。

建立一个良好运行的质量体系，如果是专业向政府、企事业单位或者个人提供排污情况监测数据的社会化检测机构，按照国家的《检验检测机构资质认定管理办法》（质检总局令第 163 号）、《检验检测机构资质认定评审准则》和《检验检测机构资质认定评审准则及释义》的要求建立并运行质量体系是必要的。如果检测实验室仅为排污单位内部提供数据，质量管理活动的目的则是为本单位管理层、环境管理机构和公众提供证据，证明数据准确可信，质量手册不是必需的，但是利于检测实验室数据质量得到保证的一些程序性规定和记录是必要的（如实验室具体分析工作的实施流程、数据质量相关的管理流程等的详细规定，具体方法或设备使用的指导性详细说明，数据生产过程和监督数据生产需使用的各种记录表格等）。

建立质量体系不等于需要通过资质认定。质量体系的繁简程度与检测实验室的规模、业务范围、服务对象等密切相关，有时，还需要根据业务委托方的要求修改完善质量体系。质量体系一般包括质量手册、程序文件、作业指导书和记录。有效的质量控制体系应满足以下基本要求：对检测工作的全面规范，且保证全过程留痕。

质量手册是检测实验室质量体系运行的纲领性文件，阐明检测实验室的质量目标，描述检测实验室全部检测质量活动的要素，规定检测质量活动相关人员的责任、权限和相互之间的关系，明确质量手册的使用、修改和控制的规定等。质量手册至少应包括批准页、自我声明、授权书、检测实验室概述、检测质量目标、组织机构、检测人员、设施和环境、仪器设备和标准物质，以及检测实验室为保证数据质量所做的一系列规定等。

程序文件是规定质量活动方法和要求的文件，是质量手册的支持性文件，主要目的是对产生检测数据的各个环节、各个影响因素和各项工作全面规范。包括人员、设备、试剂、耗材、标准物质、检测方法、设施和环境、记录和数据录入发布等各关键因素，明确详细地规定某一项与检测相关的工作，执行人员是谁、经过什么环节、留下哪些记录，以实现在高时效地完成工作的同时保证数据质量。编写程序文件时，应明确每一个程序的控制目的、适用范围、职责分配、活动过程规定和相关质量技术要求，从而使程序文件具有可操作性。例如，制定检测工作程序，对检测任务的下达、检测方案的制定、采样器皿和试剂的准备，样品采集和现场检测、实验室内样品分析，以及测试原始积累的填写等诸多环节，规定分别由谁来实施，以及实施过程中应该填写哪些记录，以保证工作有序开展。档案管理也是一项涉及较多环节的工作，涉及档案产生后的暂存、收集、交接、保管和借阅查询使用等一系列环节，在各个环节又需要保证档案的完整性，制定一个档案管理程序就显得比较重要了。这个程序可以规定档案产生人员如何暂存档案、暂存的时限是多长、档案收集由谁来负责、交给档案收集人员时应履行的手续、档案集中后由谁来负责建立编号、如何保存、借阅查阅时应履行的手续等。又如检测方案的制定，方案制定人员需要弄清楚的文件有：环评报告中的监测章节内容、环保部门做出的环评批复、执行的排放标准、许可证管理的相关要求、行业涉及的自行监测指南等。在明确管理要求后所制定的检测方案，宜请熟悉环境管理、环境监测、生产工艺和治理工艺的专业人员对方案进行审核把关，既有利于保证检测内容和频次等满足管理要求，又避免不必要的人力物力浪费。一般来说，检测实验室需制定的程序性规定应包括人员培训程序、检测工作程序、设备管理程序、标准物质管理程序、档案管理程序、质量管理程序、服务和供应品的采购和管理程序、内务和安全管理程序、记录控制与管理程序等。

作业指导书是指特定岗位工作或活动应达到的要求和遵循的方法。对于下列情形往往需要检测机构制定作业指导书：标准检测方法中规定可采取等效措施、而检测机构又的确采取了等效措施；操作步骤复杂的设备。

记录包括质量记录和技术记录。质量记录是质量体系活动产生的记录，如内审记录、质量监督记录等；技术记录是各项监测工作所产生的记录。记录是保证从检测方案的制定开始，到样品采集、样品运输和保存、样品分析、数据计算、报告编制、数据发布的各个环节留下关键信息的凭证，证明数据生产过程满足技术标准和规范的要求的基础。检测实验室的记录既要简洁易懂，也要信息量足够让检测工作重现。这就要求认真学习国家的法律法规等管理规定和技术标准规范，弄清楚哪些信息是必须记录备查的关键信息，在设计记录表格样式的时候予以考虑。比如对于样品采集，除了采样时间、地点、人员等基础信息，还应包括检测项目、样品表观、样品气味、保存剂的添加情况等信息。对于具体的某一项污染物的分析，需要记录分析方法名称及代码、分析时间，分析仪器的名称型号、标准/校准曲线的信息、取样量、样品前处理情况、样品测试的信号值、计算公式、计算结果以及质控样品分析的结果等。

5.3.2 内部质量控制要点

排污单位开展污染物排放自行监测，包括手工监测、自动监测两种方式。采用手工监测的，有监测资质和能力的排污单位可以自承担监测，也可以委托有相应资质的第三方检测机构开展监测。采用自动监测的，当设备安装、验收后，进入日常运行维护阶段时，可以是本单位自行运维，也可以委托第三方运营机构承担日常运维，目前多数为第三方机构运维。排污单位开展污染物排放自行监测，无论是采用手工监测还是自动监测的方式，无论是自承担监测还是委托第三方检测机构开展监测，均应建立自行监测质量管理制度，按照相关技术规范要求做好监测全过程的质量保证与质量控制，确保监测数据质量。

内部质量控制是污染源监测质量管理体系的核心，各污染源监测的承担单位应建立各自的内部质量控制体系，确保监测过程可控，监测结果准确有效。排污单位负责建立、运行并持续改进内部质控体系，按照体系和合同要求开展排污企业自行监测/自动监测设备运行维护，落实内部质量控制和质量保证要求，接受国家、省级、市县级环保主管部门的质量监督。根据《检验检测机构资质认定管理办法》《检验检测机构资质认定评审准则》和相关方法标准、监测规范，建立污染源监测质量控制体系，明确监测工作管理要求和质量监督要求，并严格落实体系要求，确保监测方案制定、采样、样品流转、样品测试、数据处理与报告各环节均处于质量控制体系内，对监测数据代表性和有效性负责。排污企业应确保在线监测系统安装位置符合相关规范的要求，并按要求对在线监测系统进行调试和验收。自动监测设备运维单位应根据相关技术规范要求和在线监测仪器使用说明，制定在线监测系统运行维护手册，开展在线监测系统日常巡检和维护，定期校准和校验，排污企业对自动监测数据的代表性和有效性负责。排污单位应根据本单位自行监测的工作需求，设置监测机构，梳理监测方案制定、样品采集、样品分析、监测结果报出、样品留存、相关记录的保存等监测的各个环节中，为保证监测工作质量应制定的工作流程、管理措施与监督措施，建立自行监测质量体系。

自行监测的质量控制，应抓住人员、设备、监测方法、试剂耗材等关键因素，还要重视设施环境等影响因素。每一项检测任务都应有足够证据表明其数据质量可信，在制定该项检测任务实施方案的同时，制定一个质控方案，或者在实施方案中有质量控制的专门章节，明确该项工作应有针对性地采取哪些措施来保证数据质量。自行监测工作中，包含自行监测点位、项目和频次、采样、制样和分析应执行哪些技术规范等信息的监测方案在许可证发放时应经过生态环境部门审查，日常监测工作中，需要落实的是谁去现场监测和采样、谁来分析样品、采样、制样和分析、谁承担报告编制工作，以及应采取的质控措施。应采取的质控措施可以是一个专门的方案，这个质量控制方案规定承担采样、制样和分析样品的人员应该具有哪些技能（如经过适当的培训后持有上岗证），各环节的执行人员应该落实哪些措施来自证所开展工作的质量，质量控制人员怎样去查证各任务执行人员工作的有效性等。通常来说，质控方案就是保证数据质量所需要满足的人员、设备、监测方法、试剂耗材和环境设施等的共性要求。

（1）人员

人员技能水平是自行监测质量的决定性因素，因此检测机构制定的规章制度性文件中，要明确规定不同岗位人员应具有的技术能力。例如，应该具有的教育背景、工作经历、胜任该工作应接受的再教育培训，并以考核方式确认是否具有胜任岗位的技能。对于人员适岗的再教育培训，如行业相关的政策法规、标准方法、操作技能等，由检测机构内部组织或者参加外部培训均可。适岗技能考核确认的方式也是多样化的，如笔试或者提问、操作演示、实样测试、盲样考核等。无论采用哪一种培训、考核方式，都应有记录来证实工作过程。例如，内部培训，应该至少有培训教材、培训签到表、外部培训有会议通知、培训考核结果证明材料等。需要提醒的是，对于口头提问和操作演示等考核方式，也应该有记录，例如口头提问，记录信息至少包括考核者姓名、提问内容、被考核者姓名、回答要点，以及对于考核结果的评价；操作演示的考核记录至少包括考核者姓名、要求考核演示的内容、被考核者姓名、演示情况的概述以及评价结论。在具体的执行过程中，切忌人员技能培训走过场，证明人员技能的各种培训考核记录一大摞依然掩盖不了事实的真相，因为测试原始记录往往会暴露出人员技能的真实水平，例如某厂自行监测厂界噪声的原始记录中，背景值仅为 30 分贝，暴露出监测人员对仪器性能和环境噪声没有基本的量的认知。林格曼黑度测试 30 分钟只有一个示值读数，这些信息都反映出监测人员基础知识的欠缺。

（2）仪器设备

监测设备是决定数据质量的另一关键因素。2015 年 1 月 1 日起开始施行的《中华人民共和国环境保护法》第二章第十七条明确规定：监测机构应当使用符合国家标准的监测设备，遵守监测规范。所谓符合国家标准，首先应根据排放标准规定的监测方法选用监测设备，也就是仪器的测定原理、检测范围、测定精密度、准确度以及稳定性等满足方法的要求；其次，设备应根据国家计量的相关要求和仪器性能情况确定检定/校准，列入《中华人民共和国强制检定的工作计量器具目录》或有检定规程的仪器应送有资质的单位进行检定，如烟尘监测仪、天平、砝码、烟气采样器、大气采样器、pH 计、分光光度计、声级计、压力表等。属于非强制检定的仪器与设备可以送有资质的计量检定机构进行校准，无法送去检定或者送去校准的仪器设备，应由仪器使用单位自行溯源，即自己制定校准规范，对部分计量性能或参数进行检测，以确认仪器性能准确可靠。

对于投入使用的仪器，要确保其得到规范使用。应明确规定如何使用、维护、维修和性能确认仪器设备。例如，编写仪器设备操作规程（仪器操作说明书）和维护规程（仪器维护说明书），以保证使用人员能够正确使用或者维护仪器。与采样和监测结果的准确性和有效性相关的仪器设备，在投入使用前，必须进行量值溯源，即用前述的检定、校准或者自校手段确认仪器性能。对于送到有资质的检定或者校准单位的仪器，收到设备的检定或者校准证书后，应查看检定/校准单位实施的检定/校准内容是否符合实际的检测工作要求。例如，配备有多个传感器的仪器，检测工作需要使用的传感器是否都得到了检定；对于有多个量程的仪器，其检定或者校准范围是否满足日常工作需求？对于仪器的检定，校准或者自校，并不是一劳永逸的，应根据国家的检定/校准规程或者使用说明书要求，周期性的定期实施检定/校准或者自校，保持仪器在检定/校准或者自校有效期内使用，且每次监测前，都要使用分析标准溶液、标准气体等方式确认仪器量值，在证实其量值持续符合相应技术要求后使用。如定电位电解法规定烟气中二氧化硫、氮氧化物，每次测量前必须用标气进行校准，示值误差≤±5%方可使用。此外，应规定仪器设备的唯一性标识、状态标识，避免误用。仪器设备的唯一性标识既可以是仪器的出厂编码，也可以是检测单位自行制定的规则编写的代码。

仪器的相关记录应妥善保存。建议给检测仪器建立一仪一档。档案的目录包括仪器说明书、仪器验收技术报告、仪器的检定/校准证书或者自校原始记录和报告、仪器的使用日志、维护记录、维修记录等，建议这些档案一年归一次档，以免遗失。应特别注意及时如实填写仪器使用日志，切忌事后补记，否则不实的仪器使用记录会影响数据是否真实的判断。比较常见的明显与事实不符的记录有：同一台现场检测仪器在同一时间，出现在相距几百公里的两个不同检测任务中；仪器使用日志中记录的分析样品量远大于该仪器最大日分析能力等，这种记录会让检查人员对数据的真实性打上巨大的问号。应该有制度规范在必须修改原始记录时，如何修改，避免原始记录被误改。

（3）监测方法

规范使用监测方法，优先使用被检测对象适用的污染物排放标准中规定的监测方法。若有新发布的标准方法替代排放标准中指定的监测方法，应采用新标准。若新发布的监测方法与排放标准指定的方法不同，但适用范围相同的，也可使用。例如，《固定污染源废气　氮氧化物的测定　非分散红外吸收法》（HJ 692—2014）、《固定污染源废气　氮氧化物的测定　定电位电解法》（HJ 693—2014）的适用范围明确为“固定污染源废气”，因此两项方法均适用于火电厂废气中氮氧化物的监测。

正确使用监测方法。污染源排放情况监测所使用的方法包括国家标准方法和国务院行业部门以文件、技术规范等形式发布的标准方法，个别情况下也会用等效分析方法。为此，检测机构或者实验室往往需要根据方法的来源确定应实施方法证实还是方法确认，其中方法证实适用于国家标准方法和国务院行业部门以文件、技术规范等形式发布的方法，方法确认适用于等效分析方法。为实现正确使用监测方法，仅仅是检测机构实施了方法证实是不够的，还需要检测机构要求使用该监测方法的每一个人员，使用该方法获得的检出限、空白、回收率、精密度、准确度等各项指标均满足方法性能的要求，方可认为检测人员掌握了该方法，才算为正确使用监测方法奠定了基础。当然，并非每一次检测工作中均需要对方法进行证实。那么在哪些情况下需对方法进行证实呢？一般认为，初次使用标准方法前，应证实能够正确运用标准方法；标准方法发生了变化，应重新予以证实。

（4）试剂耗材

规范使用标准物质。首先，对于标准物质的使用有以下注意事项：①应优先考虑使用国家批准的有证标准样品，以保证量值的准确性、可比性与溯源性。②选用的标准样品与预期检测分析的样品，尽可能在基体、形态、浓度水平等性状方面接近。其中基体匹配是需要重点考虑的因素，因为只有使用与被测样品基体相匹配的标准样品，在解释实验结果时才很少或没有困难。③应特别注意标准样品证书中所规定的取样量与取样方法。证书中规定的固体最小取样量、液体稀释办法等是测量结果准确性和可信度的重要影响因素，要严格遵守。④应妥善贮存标准样品，并建立标准样品使用情况记录台账。有些标准样品有特殊的储存条件要求，应根据标准样品证书规定的储存条件保存标准样品，并在标准样品的有效期内使用，否则可能会影响标准样品量值的准确性。

严格按照方法要求购买和使用试剂/耗材。每一个方法都规定了试剂的纯度，需要注意的是，市售的与方法要求纯度一致的试剂，不一定就能满足方法的使用要求，对数据结果有影响的试剂、新购品牌或者产品批次不一致时，在正式用于样品分析前应进行空白样品实验，以验证试剂质量是否满足工作需求。对于试剂纯度不满足方法需求的情形，应购买更高纯度的试剂或者由分析人员自行净化。比较典型的案例是分析水中苯系物的二硫化碳，市售分析纯二硫化碳往往需要实验室自行重蒸，或者购买优级纯的才能满足方法对空白样品的要求；与此类似的还有分析重金属的盐酸硝酸等，采用分析纯的酸往往会导致较高的空白和背景值，建议筛选品质可靠的优级纯酸。

牢记试剂/耗材是有寿命的。对于试剂，尤其是已经配制好的试剂，应注意遵守检测方法中对试剂有效期的规定。若没有特殊规定，建议参考执行《化学试剂 标准滴定溶液的制备》（GB/T 601—2002）中关于标准滴定溶液有效期的规定，即常温（15～25℃）下保存时间不超过 2 个月。特别应注意表观不被磨损类耗材的质保期，比如定电位电解法的传感器，pH 计的电极等，这些仪器的说明书中明确规定了传感器或者电极的使用次数或者最长使用寿命，应严格遵守，以保证量值的准确性。

（5）数据处理

数据的计算和报出也可能会发生失误，应高度重视。以火电厂排放标准为例，排放标准根据热能转化设施类型的不同，规定了不同的基准氧含量，实测的火电厂烟尘、二氧化硫、氮氧化物和汞及其化合物排放浓度，须折算为基准氧含量下的排放浓度，如果忽略了此要求，将现场测试所得结果直接报出，必然导致较大偏差。对于废水检测，须留意在发生样品稀释后检测时，稀释倍数是否纳入了计算。已经完成的测定结果，还应注意计量单位是否正确，最好有熟悉该项目的工作人员校核，各项目结果汇总后，有专人进行数据审核后发出。录入电脑或者信息平台时，注意检查是否有小数点输入的错误。

完备的质量控制体系运行离不开有效的质量监督。检测机构或者实验室应设置覆盖其检测能力范围的监督员，这些监督员可以是专职的，也可以是兼职的。但是无论哪种情形，监督员应该熟悉检测程序、方法，并能够评价检测结果，发现可能的异常情况。为了使质量监督达到预期效果，最好在年初就制订监督计划，明确监督人、被监督对象、被监督的内容、被监督的频次等。通常情况下，新进上岗人员，使用新分析方法，或者新设备，以及生产治理工艺发生变化的初期等实施的污染排放情况检测应受到有效监督。监督的情况应以记录的形式予以妥善保存。此外，检测机构或者实验室应定期总结监督情况，编写监督报告，以保证质量体系中的各标准、规范和质量措施等切实得到落实。

5.4　自动监测数据异常数据判定及处理方法研究

废气自动监测（CEMS）数据审核和判定的依据主要是《固定污染源烟气（SO_2、NO_x、颗粒物）排放连续监测技术规范》（HJ 75—2017）。按照该技术规范，CEMS 运维单位应根据 CEMS 使用说明书和本节要求编制仪器运行管理规程，确定系统运行操作人员和管理维护人员的工作职责。运维人员应当熟练掌握烟气排放连续监测仪器设备的原理、使用和维护方法。CEMS 日常运行管理应包括日常巡检、日常维护保养和 CEMS 的校准和检验。

日常巡检，应根据标准要求和仪器使用说明中的相关要求制定巡检规程，并严格按照规程开展日常巡检工作并做好记录。日常巡检记录应包括检查项目、检查日期、被检项目的运行状态等内容，每次巡检应记录并归档。CEMS 日常巡检时间间隔不超过 7 天。

日常维护保养，应根据 CEMS 说明书的要求对 CEMS 系统保养内容、保养周期或耗材更换周期等做出明确规定，每次保养情况应记录并归档。每次进行备件或材料更换时，更换的备件或材料的品名、规格、数量等应记录并归档。如更换有证标准物质或标准样品，还需记录新标准物质或标准样品的来源、有效期和浓度等信息。对日常巡检或维护保养中发现的故障或问题，系统管理维护人员应及时处理并记录。

CEMS 的校准和检验，应根据规定的方法和质量保证规定的周期制定 CEMS 系统的日常校准和校验操作规程。CEMS 的校准校验有严格和详细的标准规范，这是判定 CEMS 数据是否失控、是否有效的重要依据。

基于日常巡检、日常维护保养和 CEMS 的校准和检验，排污单位应对 CEMS 数据进行审核判定，剔除无效数据，并按照规定对缺失数据进行补遗替代。概括起来主要检查内容有以下几个方面：

①CEMS 运行状态判断。判断 CEMS 数据是否为有效数据，可将 CEMS 运行时段分为正常运行时段与非正常运行时段两个时段。其中，非正常运

行时段包括 CEMS 故障期间、维修期间、未定期校准时段、失控时段以及有计划的维护保养、校准等时段。

②CEMS 数据处理。由于 CEMS 获取的为实时监测数据，每秒都有读数输出，不可能对每个实时数据进行审核，首先可将采集和记录的实时数据自动处理为 1 min 数据组和整点 1h 数据组，数据组应包括时间标签、污染物浓度数据、必要的烟气参数数据等。

③CEMS 数据标记。对 CEMS 获取的所有分钟数据、小时数据进行审核，确定其有效性，首先需要在分钟数据报表和小时数据报表的数据组后面给出系统或污染源运行状态标记，包括系统各检测参数正常、排放源停运、排放源启炉、排放源停炉、排放源闷炉、仪器校准、维护保养、数据缺失、超出测定上限、系统故障等状态。

④有效数据。当固定污染源处于生产状况下时，经验收合格的 CEMS 正常运行时段为 CEMS 数据有效时间段。

⑤无效数据。CEMS 故障期间、维修期间、未定期校准时段、失控时段以及有计划的维护保养、校准等 CEMS 非正常运行时段，无论是否输出监测数据，均为 CEMS 数据无效时间段。

⑥季度有效数据捕集率。要求上传到监控平台的污染源 CEMS 季度有效数据捕集率应达到 75%。每季度有效数据捕集率% =（该季度小时数–缺失数据小时数–无效数据小时数）÷（该季度小时数–无效数据小时数）。

⑦无效数据处理方法。定期校准校验时，当发现任一参数数据失控时，应记录失控时段及失控参数，失控时段为从发现失控数据起到满足技术指标要求后止的时段；CEMS 系统超期未校准的时段为数据失控时段。对失控时段污染物排放量进行修约，污染物浓度和烟气参数不修约。CEMS 故障期间、维修、有计划的维护保养、校准时段的数据为无效数据，可按照规范要求进行修约。

定期校准校验时，当发现任一参数数据失控时，应记录失控时段及失控参数，失控时段为从发现失控数据起到满足技术指标要求后止的时段；CEMS 系统超期未校准的时段为数据失控时段。CEMS 故障期间、维修、有计划的维护保养、校准时段的数据为无效数据。失控时段、维护期间和其他异常导致的数据无效时段的数据按表 5-3 进行修约。

表 5-3　失控时段、维护期间和其他异常导致的数据无效时段的数据处理方法

<table>
<tr><th>季度有效数据捕集率α</th><th>连续失控小时数 N/h</th><th>修约参数</th><th>选取值</th></tr>
<tr><td rowspan="2">$\alpha \geqslant 90\%$</td><td>$N \leqslant 24$</td><td rowspan="3">二氧化硫、氮氧化物、颗粒物的排放量</td><td>上次校准前 180 个有效小时排放量最大值</td></tr>
<tr><td>$N > 24$</td><td>上次校准前 720 个有效小时排放量最大值</td></tr>
<tr><td>$75\% \leqslant \alpha < 90\%$</td><td>—</td><td>上次校准前 2 160 个有效小时排放量最大值</td></tr>
</table>

5.4.1　异常监测数据判定存在的问题

根据实际调研和专家咨询发现，目前实施过程中，自动监测数据判定主要存在以下问题。

①与责任主体变化相适应的管理制度尚未制定。以往环保部门作为污染源自动监测数据有效性审核的责任主体，由环保部门负责每季度对污染源自动监测数据有效性进行一次审核，并且有专门的审核规则，分别由环境监测部门提供比对监测报告、环境监察人员提供现场检查材料、企业运维人员提供季度运维记录，环保部门根据各方提供的材料，组织开展监督考核，对采集到监控平台的数据进行标记，进而判断数据有效或无效，将无效数据剔除并按照规定进行替代和补充，进而形成完整的连续监测数据，用于污染物排放量的计算等。

2017 年 9 月，中共中央办公厅、国务院办公厅《关于深化环境监测改革提高环境监测数据质量的意见》，明确污染源自动监测要求，取消了环境保护部门负责的有效性审核，要求建立重点排污单位自行监测与环境质量监测原始数据全面直传上报制度。重点排污单位应当依法安装使用污染源自动监测设备，定期检定或校准，保证正常运行，并公开自动监测结果。自动监测数据要逐步实现全国联网。逐步在污染治理设施、监测站房、排放口等位置安装视频监控设施，并与地方环境保护部门联网。重点排污单

位自行开展污染源自动监测的手工比对，及时处理异常情况，确保监测数据完整有效。自动监测数据可作为环境行政处罚等监管执法的依据。

对 CEMS 数据进行审核判断数据是否有效的责任主体已发生了变化，由环境保护主管部门转变为重点排污单位。但是，目前与之配套的管理办法和相关规范标准尚未建立完善。排污单位有效性审核的责任主体并未落实，而环保部门有效性审核的方式也未彻底转变。

②数据有效性判别自动化程度不高，数据标记的准确性和过程质控不足。无论有效性审核的责任主体是谁，数据有效性判别自动化程度不高的现状仍然未加改变。从数据状态标记来看，仍需在现场端手动标记数据状态，甚至无法在现场端手动标记，只能由环保部门的监控平台进行标记。

徐薇薇（2017）、石敬华（2016）等以山东省重点监控企业为例，提出了污染源自动监测设备动态管控系统技术，并在山东部分企业进行应用。该技术，全程采集自动监测仪器状态参数、在输出参数上，要求污染源自动监测设备具有运行状态输出和工作参数输出的功能。设备运行状态至少包括待机、测量、反吹、校准、清洗、维护等常规状态和报警、故障等信息；设备工作参数至少包括量程、斜率、截距、标样浓度、校准偏差、分析检测时间、分析检测条件以及配套流量测量装置的量水堰槽种类等，见图 5-4。

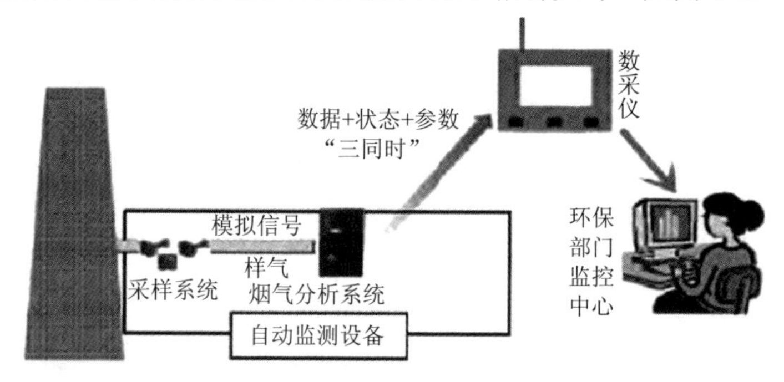

图 5-4 徐薇薇等提出的污染源自动监控系统数据采集传输方式

根据自动监测数据全流程质控梳理，结合 HJ 75—2017 中对 CEMS 提出的技术要求，在上述研究基础上，目前仍存在未纳入管控的环节。其中最为重要的是 CEMS 校准校验记录，以及校准校验结果并未进行采集并上传留痕，校准后的零漂、量漂结果等重要的仪器状态参数未进行整合采集。部分仪器可以自动记录和导出零漂、量漂结果，但由于未与仪器状态参数和监测结果进行整合，从而无法实现基于校准结果自动标识监测数据，也无法实现对上传管理部门的数据根据校准结果进行审核，致使自动监测数据无法实现全程监控。因为，自动监测数据实时传输，数据量大，而排污许可证制度中对自动监测数据的支撑作用要求很高，这就使自动监测数据的全流程监管需求很强烈。

5.4.2 异常监测数据判定支撑技术研究

①异常监测数据判定要点。自动监测设备正常运行，按要求开展定期校准、校验、比对监测，验证设备准确度、零点漂移、量程漂移、响应时间等技术指标，测得的数据质量满足定期校准校验及抽检的要求，可判别为有效数据。监测值如出现零值、负值、突变、连续不变、逻辑异常、低于检出限、极大值、与生产治污实际不符等现象时，应通过现场检查、质控等手段进一步识别，合格的判定为有效数据。

常见的数据异常情况，及日常检查时关注的要点如下：

a. 监测值低于检出限。

b. 监测值超过 8 小时连续不变。

c. 监测值 72 小时的波动幅度低于 2%。

d. 非超低排放企业二氧化硫折算浓度连续 8 小时低于 $10mg/m^3$（水泥行业除外）。

e. 非超低排放企业氮氧化物折算浓度连续 8 小时低于 $10mg/m^3$。

f. 含氧量大于 19%且烟温低于 40℃。

g. 含氧量小于 4%。

h. 烟温波动幅度超过 10℃。

i. 污染物浓度突变。

②有效性审核关键参数。可从企业生产情况、治污设施运行情况、监测仪器状态、参数变更情况 4 个方面梳理关键参数，通过对污染源自动监

测数据的状态进行标记，进一步判断数据的有效性。标记方式分为自动标记和人工标记。自动监测设备应能够根据数据产生时系统的状态自动对数据进行标记，无法自动标记的可通过人工方式标记。

a. 企业生产情况应包含正常生产、停产、点炉、闷炉、停炉、间歇性排放等状态参数。

b. 治污设施状态应包含正常运行、正在建设、故障、检修等。

c. 自动监测设备应包含数采仪工作正常、数采仪故障、采样系统工作正常、采样系统故障、设备工作正常、设备停运、维护、设备故障、设备校准、设备校验、数据超上限、未检出、人工监测值、设备处于反吹状态、通信异常等。

③CEMS 异常数据判别辅助系统开发。CEMS 数据量大，缺失数据通过手工进行补充替代很难实现，因此基于计算机软件的数据自动修约已经得到广泛的应用，本书对此不做研究，本书重点针对支撑 HJ 75—2017 标准中关于数据是否失控、是否有效的判定开展研究。

根据上文中对异常监测数据判定存在问题的分析识别，本书开发了《CEMS 异常数据判别辅助系统》，可以实现对日常巡检、校准、校验、维修、易耗品更换、标准气体更换记录进行输入上传，同时将这些数据与自动监测数据进行关联，从而可以支撑自动监测数据异常数据识别判定，也可以实现系统全程留痕质控记录，见图 5-5、图 5-6。

图 5-5 CEMS 异常数据判别辅助系统登录界面

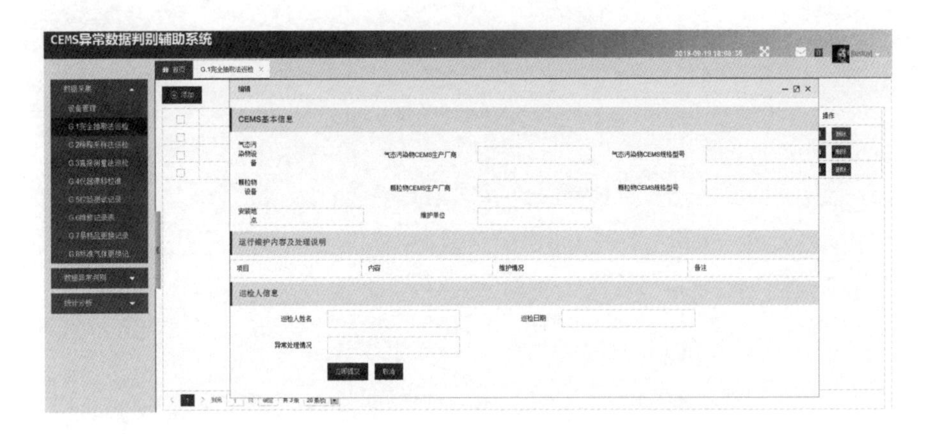

图 5-6　CEMS 异常数据判别辅助系统数据采集界面

第6章

面向企业排污许可证实施监督管理关键技术研究

6.1 面向企业的排污许可证监督管理体系框架设计

6.1.1 目标与原则

（1）资料检查为主，现场检查为辅，提高效率，减低成本

根据排污许可制度定位与特点，借鉴国内外经验，主要依托排污单位上报的各种资料进行监督检查，对持证单位进行全覆盖的资料检查。现场检查作为资料检查的补充和延伸，在频次和覆盖面上较资料检查有所降低。通过加强资料的持续检查，减少现场检查的频次，提高监督检查的效率，降低监督检查的社会经济成本。

（2）资料检查与现场检查相互衔接，提高检查针对性

充分发挥资料检查的作用，将资料检查结果作为确定现场检查对象和检查内容的重要依据，提高现场检查发现和解决问题的针对性。同时，将现场检查结果作为改进资料检查重点的参考，提高资料检查的有效性。通过资料检查和现场检查的有机结合与衔接，提高监督检查的持续性和针对性。

（3）以持证单位台账资料真实性和污染治理设施运行、排污行为是否合规为重点

针对通过不同数据间的交叉印证和现场检查分析持证单位台账资料的真实性。在此基础上，以台账资料为主要依据检查持证单位是否依证运行维护污染治理设施，是否能够做到稳定达标排放，以及是否能够满足总量排放限值要求。对于持证单位建设地址、生产工艺等是否符合相关政策，不作为本书研究内容。

6.1.2 总体思路

对于排污许可制度的整体框架来讲，排污许可核发部门对排污企业发放许可证只是前端环节，更重要的是需要依据排污许可证中所规定的内容

对持证排污企业进行证后监管。通过对排污企业产污、控污、排污等生产过程以及监测、记录、报告等环节的执行情况及执行质量作出监督和核查，促使企业能够更好地按照排污许可所载明的内容进行持证“合法排污”。

在排污许可证后监管制度中，需要以污染物的排放数据为抓手，从企业环保管理和政府证后监管的双重视角，探索证后“审计式”的创新监管方式，建立证后“审计式”监管的制度。在企业视角下，落实排污许可证在企业日常环保管理中的基础核心地位，提升企业按证守法的能力；在政府监管部门的视角下，落实排污许可制在固定源管理中的核心基础地位，在证后通过书面的“审计式”核查与现场检查相结合，落实企业的守法责任，降低监管成本，提升监管效能。

首先，在理论分析和排污许可法律法规的授权的基础上，建立排污许可证证后“审计式”监管制度框架。其次，在制度框架指导下，从企业视角方面，全面分析企业许可证质量、执行报告、台账记录、企业内部管理制度建设等存在的问题，指导企业自查、发现问题并依法变更整改，全面提升企业排污许可证质量和按证管理能力，提高企业的守法能力，并为监管部门证后的合规检查建立基础；从政府监管部门的证后监管方面，在审计计划制订上，通过后台行业大数据比对分析，确定核查对象的优先级，确定核查目标与内容，以及在何种情况下启动哪一级别的检查。“审计式”核查的重点在于企业污染物产生、控制及排放之间数据逻辑性的核查，以排放数据为基础、以排放量核算为核心、以原辅燃料和产品及设施设备运行等信息为辅助，构建核查企业守法排污的“证据链”。通过“审计式”书面审核与现场核查相结合查找问题、反馈线索，来支持执法。

（1）企业视角下的“审计式”管理

按照国务院《控制污染物排放许可制实施方案》，排污企业需要持证排污，自证守法。排污企业需要按照《排污许可管理办法（试行）》的要求申请排污许可证，并承诺排污许可证申请材料完整、真实和合法。环境保护核发部门发放许可证后，排污单位按照排污许可证载明要求，开展自行监测，保存原始监测记录，按照台账记录要求进行相关生产、污染物控制及排放等环节的台账记录。排污企业梳理相关台账记录和保存内容、开展许可载明要求的过程，就是在梳理和审核自身生产运行和污染物排放数据的过程。排污企业对实际生产过程的产排污状况进行定期审核，进而能够做到在相关事项变化后能够及时向核发部门提出变更申请，提升自身的按证管理水平，降低环保风险，节约环保成本。

排污企业进行自我的证后审核会促使企业自觉履行环保责任，也能够使得排污企业能够说清楚自己排放了什么污染物、排放了多少，以及排放去向。排污企业建立自行监测制度，在整个生产期间，对污染物排放开展监测，安装的在线监测设备与环保部门联网，保障数据合法有效，妥善保存原始记录。建立准确完整的环境管理台账，说清与监测数据相对应的生产情况以及污染治理设施运行维护情况，并定期、如实向环保部门报告排污许可证执行情况。同时进行信息公开，要把企业的各类排放数据向社会公开，接受全社会监督。企业通过长期监测数据和相互关联的管理信息，形成一套“自证守法”的逻辑链。

（2）政府监管部门视角下的“审计式”管理

开展政府视角下的“审计式”管理，关键要解决审什么、为什么审、由谁审、如何审、如何评价以及如何运用审计成果六个方面的问题。在当前的排污许可制度体系下，政府视角下的“审计式”管理，应该是以执行报告中排污企业所提交的排放量为审核抓手，依托于排污许可证、排污许可执行报告以及在排污许可证中所要求企业记录的台账，对企业的排污许可证载明要求落实情况和所提交的执行报告真实性进行审核。

政府视角下的核查主体应为环境保护主管部门，更具体应为排污许可证的核发部门为审核主体完成合规核查工作。在工作开展之前，由许可核发部门制订核查计划，确定核查目标。环境保护部门在进行核查计划的制订过程中应该按照行业及企业确定核查内容及核查频次。对于污染物排放量较大、污染较为严重的行业及排污许可重点管理企业，需要重点审核和抽查，对于污染物排放量较小、污染较小的行业和实行简化管理的企业可以减少检查次数。

在以往的政策框架内，主要通过监督性监测与现场执法检查相配合的方式，耗费的监测和执法资源多、实施成本高、目的性不强、效果不明确，且监管部门需要承担无限责任。在排污许可证监管框架内，对执行报告和台账记录进行“审计式”检查，分析数据间的逻辑性，并配以指向明确的“靶向”现场执法检查和监测。监管方式的转变能够节约监管成本、提升监管效能、强化执法效果，还能够厘清监管部门的有限责任。

6.1.3 监督检查类型

（1）基于资料分析的日常非现场监督检查

基于资料分析的监督检查是指生态环境主管部门针对持证单位提交的申请信息、自行监测结果、台账记录资料的监督检查，通过资料检查判定持证单位是否依证进行各项运行管理，通过资料间的相关校验判定持证单位提交的各类数据信息资料是否存在可疑问题，进而依托数据判定持证单位是否依证排污。利用大数据分析、云计算等多种技术手段对许可信息、执行报告、监测数据等相关资料进行跟踪分析，对持证单位开展持续的监管。

此类检查的实现方式以计算机自动处理为主，人工判断为辅，可以连续开展，从而对排污单位形成持续的压力，且成本较低，可操作性强，但往往不够确定，只能发现疑似问题，最终还需要排污单位补充信息或者现场核查才能够确定。

（2）现场稽查检查

现场稽查检查是指生态环境管理部门及其他管理部门为了某种目的到持证单位开展的时间较短、检查内容有所侧重的现场稽查检查。现场稽查检查的目的主要是为了发现检查期间持证单位的某种环境行为，是否符合相关法律法规、管理制度的要求。

这种检查主要针对检查时点的情况，一般不对数据资料真实性、逻辑合理性等做深入全面检查，往往聚焦有限的环境问题开展随机性的检查，目的是以点代面，形成威慑力。这种检查不够全面系统，不能够形成持续的压力，也不能够为持证单位改善环境行为提供有效的指导。

（3）阶段性现场检查与评估

阶段性现场检查与评估是指生态环境主管部门针对持证单位开展的全面监督检查活动，是间隔较长一段时间开展的，针对持证单位可能存在的问题、组织专家团队开展的现场检查和评估活动，是对持证单位的台账资料、监测活动、环境行为开展的一次全面检查和评估，是为了识别持证单位在按照排污许可证开展台账记录、自行监测、污染治理与污染排放等各方面存在的需要改善的问题。

阶段性现场检查与评估应对排污许可证规定的各项活动进行全面检查，重点检查自行监测、台账记录等相关活动的真实性、规范性。这类监督检查与基于资料分析的监督检查相比，检查可以更加全面，检查结果更加确定，但是检查成本往往较高，频次不易过高。

6.1.4　监督检查体系框架

上述三种监督检查技术之间的关联关系见图 6-1，三种技术共同组成排污许可制度监督检查技术体系框架。

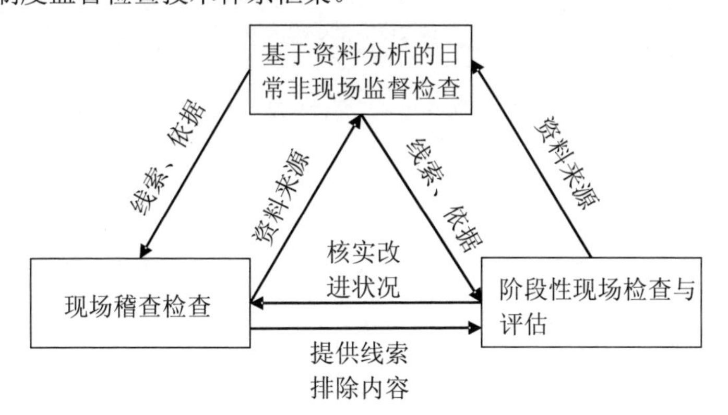

图 6-1　三种类型监督检查关联关系

基于资料分析的日常非现场监督检查覆盖的时间范围、排污单位范围全面，可以为现场稽查检查、阶段性现场检查与评估的检查内容和检查重点提供确定依据和线索，提供现场稽查检查和阶段性检查与评估的针对性。

现场稽查检查结果可以作为资料来源供基于资料分析的日常非现场监督检查参考，也为阶段性现场检查与评估提供线索，对于一些现场稽查检查确定没有问题、不需要现场检查与评估进行检查的内容进行排查。

阶段性现场检查与评估可以作为重要资料来源，为基于资料分析的日常非现场监督检查提供参考和指导，阶段性现场检查与评估发现的重点问题和需要持证单位改进的内容，可以由现场稽查检查作为核实跟踪的重要内容。

6.2 基于资料分析的日常非现场监督检查的实施

6.2.1 实施程序

可以按照以下程序实施基于资料分析的日常非现场监督检查，见图 6-2。

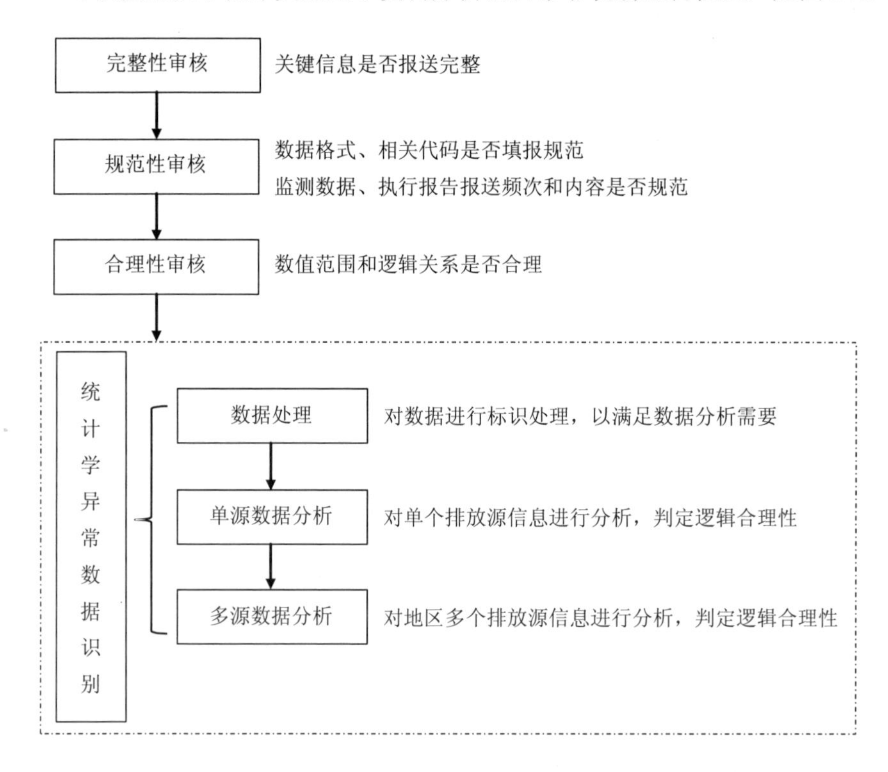

图 6-2 基于资料分析的日常非现场监督检查的实施

首先，对资料的完整性审核进行审核，对支撑开展资料审核的排污许可证执行报告、监测数据等信息的完整性进行审核，对于关键信息未完整报送的，应要求持证单位完整报送。

其次，开展规范性审核，对相关资料中的数据、代码进行审核，对不符合数据格式、编码规则的数据要求持证单位进行更正，从而形成可以批量处理的数据集。同时还可以对排污单位是否按照排污许可证规范报送相关信息进行审核。

再次，进行合理性审核，基于理论分析和经验参考，对数据数值范围、逻辑关系合理性进行审核。

最后，进行统计学异常数据识别，即在大量数据统计分析的基础上，对存在的异常数据进行识别。根据相关标准规范对持证单位报送的数据进行标识、剔除、修约等处理，形成可以用于分析的数据序列。对单个排放源的各类信息进行交叉印证，并对单个源长时间序列的数据进行统计分析，识别数据间存在的逻辑问题和疑似错误的问题。对企业内多个同类排放源的信息进行统计分析，对多个排放源长时间序列的统计规律进行分析，通过大数据分析的方式，识别数据不合理的排放源，分析排放源可能存在的问题。

6.2.2　资料来源与内容

（1）排污许可证申请资料

排污单位生产状况、污染物产生与排放状况、污染治理设施建设情况、污染治理技术与运行管理状况等。这些资料是持证单位基本情况，是污染物排放管理、相关法律法规和标准规范等适用状况确定的基础依据。

（2）排污许可证执行报告

持证单位排污许可证执行报告中所报告的内容。这是资料最重要的来源，反映持证单位报告期内对排污许可证的履行情况，以及发生的最新改变状况。

（3）自行监测与执法监测数据

排污单位开展的手工监测、自动监测数据，以及管理部门开展的执法监测数据。排污单位自行监测数据承载着丰富的持证单位排污状况信息，执法监测数据是在特定状况下由管理部门获取的排污单位的真实排放状况，通过对这两类监测数据的分析，有助于识别排污单位存在的问题。

（4）监督检查结果及处理处罚情况

管理部门对持证单位开展的现场稽查检查和阶段性现场检查与评估结果，以及管理部门针对发现的问题开展的处理处罚情况和持证单位针对处理处罚结果所采取的改进措施。这些资料有助于了解持证单位可能存在的问题，以及整改情况。

（5）公众投诉及处理情况

近期社会公众针对持证单位的环境保护问题所进行的投诉，管理部门所采取的处理意见，以及持证单位所采取的改进措施。这些资料有助于了解持证单位的排污状况是否对周边公众产生影响，可用于佐证执行报告、监测数据等相关资料的真实性。

6.2.3 审核内容与审核方法

（1）完整性审核

①审核内容。根据排污许可申请与核发技术规范要求，审核排污单位是否按照要求完整提交执行报告所需要的信息，具体包括：排污许可制度中必须提交的信息是否完整；根据行业实际情况，特定行业必须提交的信息是否完整；根据排污单位实际情况，特定排污单位必须提交的信息是否完整。

②审核方法。可以从以下几个角度进行审核（具体的审核规则需要根据行业、排污单位特征进行具体梳理）：根据行业排污许可申请与核发技术规范，即根据行业特征，识别必填信息；根据排污单位实际情况，依据排污许可证载明事项，确定必须报送的信息；根据排污单位历史报送信息，确定排污单位应报送信息。

（2）规范性审核

①审核内容。信息填报的规范性。对于涉及编码代码类信息，审核编码代码的规范性；对于数字性信息，审核数据格式、单位格式等内容的规范性。

信息报告行为的规范性。审核执行报告、监测数据等相关信息报告的频次、内容编写的规范性。

②审核方法。主要采用计算机等手段对不规范的代码、数字、单位等内容进行审核。对照排污许可申请与核发技术规范要求，对执行报告内容进行对照审核。

（3）合理性审核

①审核内容。单个数据数值范围合理性。根据排污单位所属行业情况及排污单位实际情况，确定各类数据性信息的数据阈值范围，审核排污单位报送信息是否在合理范围内，不在阈值范围内的进一步作为审核的重点。

不同数据间逻辑关系合理性。通过对排污单位报送数据的交叉互算，识别异常数据。如对单位产品能耗、水耗、污染物排放、单位能耗污染物排放、单位水耗污染物排放等相关内容进行审核。

②审核方法。单个数据数值范围合理性、不同数据间逻辑关系合理性审核，均可以从以下两个维度开展（具体的数据阈值范围、合理水平应根据行业、排污单位实际情况具体梳理）：与排污单位历史数据进行对比；与行业平均水平、经验水平进行对比。

（4）统计学异常数据识别

数据处理。包括对上述检查中发现的异常数据剔除，自动监测仪器故障期间、失控时段、其他无效时段无效数据的替代或修约处理，非正常工况时段数据标识等，以便于形成可用于进行统计学分析的数据序列。

数据统计学指标变化监控。在污染治理设施未发生明显改变的前提下，一般来说，数据的统计学指标不应当发生显著变化，若发生变化，则有必要对数据和实际情况进行核实。统计指标应简明直观，可考虑对平均值、中位数、5和95百分位数（假定5%～95%的90%数据为合理范围）进行重点监控。

多源数据分析是以单源数据分析为基础，用所有同类源作为该类源排放的平均水平，分析某个源在同类源中所处位置，对处于较高或较低排放水平的源进行重点关注。可以以 5 和 95 百分位数排污单位的数据的 5 和 95 百分位数作为界限，对处于该范围之外的排污单位视为数据存疑，重点进行检查核实。

6.3 现场稽查检查

6.3.1 检查内容

（1）行为合规性

重点检查排污单位持证排污、依证开展台账记录和自行监测等行为是否合规。

①排污许可证申领情况。检查排污单位是否已申领排污许可证，并且在生产经营场所内方便监督的位置悬挂排污许可证正本；如未申领，根据《固定污染源排污许可分类管理名录》进一步核实该排污单位是否属于无证排污。

②排污许可证变更、延续情况。检查排污单位有关事项发生变化后，是否在规定时间内向生态环境部门核发提出变更排污许可证的申请。查看排污许可证是否在有效期内，是否按规定延续排污许可证。

③排污许可证基本信息是否属实。检查排污单位的名称、注册地址、法定代表人或者主要负责人、技术负责人、生产经营场所地址、行业类别、统一社会信用代码等排污单位基本信息是否与排污许可证中载明的基本信息相符。

④依证开展环境管理台账记录情况。检查排污单位是否按照排污许可证中关于环境管理台账记录的要求开展台账记录工作。记录内容包括：与污染物排放相关的主要生产设施运行情况；污染防治设施运行情况及管理

信息；污染物实际排放浓度和排放量，发生超标排放情况的，应当记录超标原因和采取的措施；其他按照相关技术规范应当记录的信息等。

⑤自行监测开展情况。对于自行开展监测的，是否有相应的监测条件，包括人员、设备、场所等；对于委托开展监测的，是否有签订委托合同，是否有委托单位出具的盖有 CMA 章的检测报告。

（2）结果合规性

对于结果合规性，现场稽查检查重点针对排放浓度识别超标进行检查。针对排污单位所持排污许可证中各类污染物排放浓度、排放数量限值进行检查。

6.3.2　检查方式

行为合规性，以形式检查为主，通过设计检查表格的方式，对照排污许可证要求和排污单位实际情况进行勾选，并一一对照排污单位哪些行为做到了按证实施，哪些行为未做到按证实施。

结果合规性，根据实际需要，按照问题导向原则，开展必要的执法监测，用于识别排污单位排放行为是否存在超标状况。

6.4　阶段性现场检查与评估的实施

6.4.1　实施程序

可以按照图 6-3 程序开展阶段性现场检查与评估：首先，应根据日常资料检查、稽查检查、群众举报等，确定检查单位和检查重点内容，这是现场检查的“靶子”，但不限于此。其次，应召集组织形成专家组，吸纳熟悉相关行业和问题的专业技术人员参与到检查中。第三，进驻检查单位，向检查单位说明检查内容，需要检查单位配合的事项。第四，针对日常发现的问题，在排污单位中进行确定。检查的方式根据实际需要确定，可以仅查看资料，也可以进行必要的采样监测、比对监测，甚至可以通过对周边环境质量监测、生物监测等方式确认问题的根源。第五，在对排污单位进行深入全面检查的基础上，形成检查结论，并当场向排污单位进行反馈，对于需要排污单位整改完善的，可以明确提出，这对于排污单位改进执行情况具有重要意义。同时应将检查发现的问题进行公开。第六，由排污单位针对检查发现的问题进行全面整改，并将整改情况报送管理部门。第七，管理部门应视情况对整改落实情况进行核实，可以是通过现场核实，也可以通过其他便利的方式进行核实。最后，所有检查过程、检查结果、整改情况，最终都应向公众公开，接受公众监督。

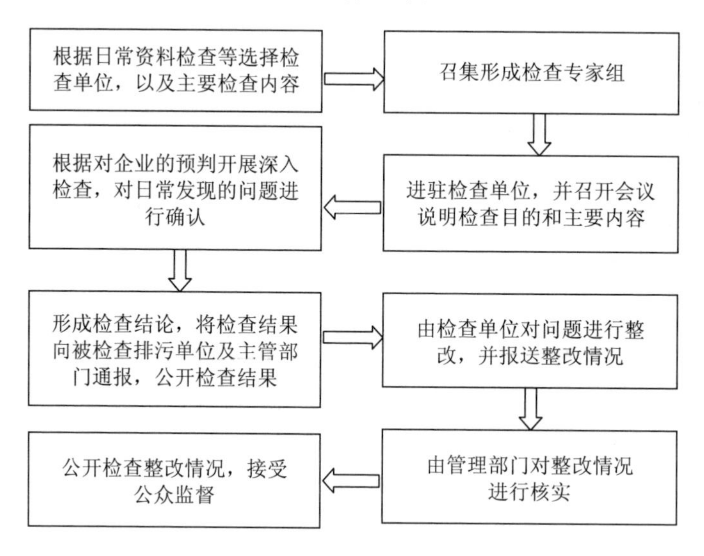

图 6-3　阶段性现场检查与评估的实施程序

6.4.2　检查内容与方式

阶段性现场检查既需要依赖专家的经验，也需要根据行业情况，制定有针对性的详细的校验规则，尤其是数据间的交叉互验，需要针对行业或排放源特点进行梳理，并根据经验积累不断丰富完善，本研究仅对检查内容和方式进行概括性说明，具体的检查互验规则在本研究中不做说明。

（1）台账资料准确性与可靠性检查

①记录的真实性：包括是否有完整的台账资料记录，台账资料记录是

否有伪造嫌疑或事实；

②记录与相关信息的匹配性：相关台账资料是否与排污单位生产运行数据、相关财务数据等其他信息相匹配；

③台账资料与现场勘查结果是否相符：根据现场调取台账资料和数据，进行交叉验证，并对生产、污染治理、排放等相关信息进行现场勘查，根据专家经验判断台账资料的可靠性。

（2）监测数据真实性与可靠性检查

监测数据监督检查涉及内容较多，本书仅针对根据数据交叉互验对监测数据进行检查的内容。

①监测记录的真实性：包括是否有完整的监测采样、分析测试等记录，监测数据及记录是否存在伪造嫌疑或事实；

②监测数据与其他台账资料的匹配性：通过对监测数据与各类台账资料的横向、纵向交叉分析验证，通过检查数据间的匹配性，获取监测数据是否真实可靠的相关信息；

③监测数据与现场勘查结果是否相符：对生产、污染治理、排放等相关信息进行现场勘查，并对排放口设置、监测活动实施等方面的现场检查，根据专家经验判断监测数据的可靠性。

（3）根据结果和公众反应的辅助评估

根据典型监测等手段评估排污单位对周边环境质量影响状况，以及收集周边公众对排污单位影响状况的反映情况等，对排污单位可能存在的违反排污许可证等相关行为进行佐证与辅助说明。

6.5　以自行监测为重点的专项监督检查

6.5.1　检查要点

自行监测现场监督检查涵盖内容多而杂，应重点检查活动实施、监测仪器设备、质控方案、现场操作等几个方面的内容。以下内容重点针对自承担监测任务的情况，对于委托第三方检测机构开展自行监测的，涉及对第三方检测机构的检查，检查内容应更加专业，需要单独研究论证。

（1）监测方案

对照排污单位实际排污状况和自行监测方案，检查排污单位是否依照相应的自行监测技术指南和管理规定合理设计监测方案，是否存在点位、指标的遗漏的状况，监测频次设置是否合理。

（2）监测活动实施

与针对省、市监测机构的监测不同，类似美国目测式的监督检查方式，通过检查是否有开展相应监测项目的监测场地（实验室）、监测人员、仪器设备，监测人员是否具备开展相应监测项目的能力，具体监测仪器是否有使用痕迹，分析测试所需的试剂和耗材购买单据与监测活动的开展是否匹配，对排污单位是否真实开展了所报送监测数据的监测活动进行判断。

（3）监测仪器设备

监测仪器设备是监测数据质量保证的基础，根据实际调研情况，排污单位对监测仪器设备的认识相对不足，购买非专业或不符合要求的仪器设备开展监测的可能性较大，应对监测仪器设备进行专门监督检查。检查仪器设备是否通过适用性检测、是否定期到计量部门进行检定、是否按照仪器设备维护说明书进行维护。对于自动监测设备，除检查仪器设备外，还应重点对相关干扰因素是否消除进行检查。

（4）质量控制方案

检查排污单位是否按照本单位监测项目要求建立质量控制体系，是否按照监测技术规范和具体的方法要求开展质量保证与质量控制措施，具体可参照 HJ 819 第六章监测质量保证与质量控制进行检查。

（5）现场操作规范性

现场操作是否规范可参照《国控重点污染源监测质量核查办法》中的方法，对排污单位相应监测人员进行现场操作检查和质控样考核，以判断排污单位监测人员现场监测规范性和监测能力。

（6）监测结果可比性

监测结果可比性可参照《国控重点污染源监测质量核查办法》中同步比对监测的方法开展，用于检查是否存在系统性的差异。

6.5.2　实施路线

现场检查可根据环境管理需求，开展部分或全部内容，中间任何一项检查发现问题，都可以终止检查。排污单位的全面监督检查应一年内至少开展一次，所有检查完成后，应形成报告、公开信息，供排污单位整改完善和公众监督。

监督检查可以由不同级别环境管理部门组织开展，监督检查涉及内容较多，但并不需要对所有排污单位都进行全面检查，可按照图 6-4 中的实施路线开展，不同级别的监督检查机构可根据实际情况确定监督检查的重点。将监督检查分为两大阶段，基于数据的监督检查和基于现场检查的监督检查。

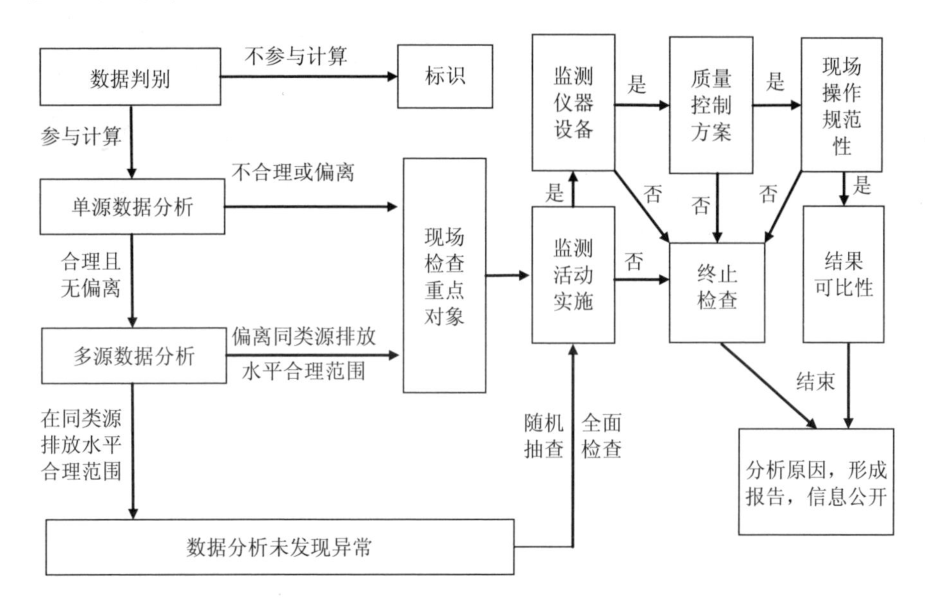

图 6-4　自行监测监督检查实施路线

首先，对排污单位报送的监测数据进行全面检查，对数据进行分类标识；其次，对应参与计算的数据，进行分析计算，形成单源分析结果；第三，综合同类源所有单源分析结果，识别监测结果偏离合理范围的排污单位。单源分析和多源分析中发现的不合理或偏离单源或多源合理范围的，应作为现场检查的重点对象，同时结合监管需要的随机检查和全面检查要求，确定现场检查排污单位名录。

现场检查可按照由简到繁的次序开展，按照是否如实开展监测、仪器设备是否符合要求、是否有质量控制方案、监测现场操作是否规范、监测结果是否可比五个层次来开展，每一项都是后面几项的基础，故中间任何一项检查发现问题，都可以终止检查。所有检查完成后，应分析原因、形成报告、公开信息，供排污单位整改完善和公众监督。

第7章

上下级政府间排污许可证制度实施的监督管理支撑技术研究

7.1　我国当前的考核管理实施情况

“十一五”“十二五”期间，我国实施了最严格的总量控制制度，由国家与省人民政府签订目标责任书，确定各地主要污染物减排目标。每年，国家对各地主要污染物排放总量进行核查核算，最终确定各地是否完成总量减排目标，以此作为对地方的重要考核依据。“十一五”以来，我国将总量减排作为约束性指标纳入经济社会发展规划，减排指标逐渐增多，减排力度不断加大，各地实施了一大批重点减排工程，降低了污染负荷。“十二五”期间，随着总量减排推进，我国酸雨面积恢复到 20 世纪 90 年代水平，主要江河劣Ⅴ类断面比例由 2001 年的 44%降到 2014 年的 9%。也就是说，如果没有实施总量控制，我国的环境形势将比现在严峻得多。尽管总量控制取得成效，但公众反映没有明显感受到环境质量的改善。虽然减排进展明显，但由于排放基数巨大，污染物排放量仍处高位，已经接近甚至超过环境容量，这是影响总量控制成效显现的最重要原因。另外，影响环境质量的因素很多，各种污染物相互作用的机理也非常复杂。很多情况下，一两种污染物排放量的降低，对环境质量改善未必能直接起作用。各地的经济结构、产业结构、污染物结构等也不尽相同，一定程度上也影响了总量控制绩效的呈现。正因如此，从改善环境质量这个总目标出发，有必要进一步完善总量控制制度，使其更精准、更科学、更系统、更有效。

从“十三五”开始，我国全力推动排污许可制度改革，2014 年修订的《环境保护法》、2015 年修订的《大气污染防治法》、2017 年修订的《水污染防治法》，都明确提出实行排污许可管理制度。党的十八大和十八届三中、四中、五中全会均提出要求完善污染物排放许可制。其中《中共中央关于全面深化改革若干重大问题的决定》要求，完善污染物排放许可制，实行企事业单位污染物排放总量控制制度；《中共中央　国务院关于加快推进生态文明建设的意见》要求，完善污染物排放许可证制度，禁止无证排污和超标准、超总量排污；《生态文明体制改革总体方案》要求，完善污染物排放许可制，尽快在全国范围建立统一公平、覆盖所有固定污染源的企事业排放许可制，依法核发排污许可证，排污者必须持证排污，禁止无证排污或不按许可证规定排污；《中共中央关于制定国民经济和社会发展第十三个五年规划的建议》要求，改革环境治理基础制度，建立覆盖所有固定污染源的企事业单位排放许可制。2016 年 11 月，国务院办公厅印发《国务院办公厅关于印发控制污染物排放许可制实施方案的通知》（国办发〔2016〕81 号），是落实党中央、国务院的决策部署、依法明确排污许可的具体办法和实施步骤的指导性文件。为落实《实施方案》，环境保护部 2016 年 12 月发布《排污许可证管理暂行规定》，2018 年 1 月发布《排污许可管理办法（试行）》（以下简称《管理办法》）。“十三五”期间，我国改革了总量减排考核思路，提出“总量”“质量”双控，“环境质量改善是红线，总量减排是底线”。优先将考核环境质量改善状况，对于环境质量完成目标的地区，弱化对总量减排的考核要求。这一思路，有利于地方统筹考虑本地区污染排放的实际状况，采用最经济、最有效的手段，进行减排对象的优化。

排污许可制度是落实企事业单位总量控制要求的重要手段，通过排污许可制改革，改变从上往下分解总量指标的行政区域总量控制制度，建立自下而上的企事业单位总量控制制度，将总量控制的责任回归到企事业单位，从而落实企业对其排放行为负责、政府对其辖区环境质量负责的法律责任。通过在许可证中载明许可排放量，使企业知晓自身责任，政府明确核查重点，公众掌握监督依据。在自下而上的体系内，区域内所有排污单位许可排放量之和就是该区域固定源总量控制指标，排污单位年实际排放量与上一年度的差值，即为年度实际排放变化量。

《管理办法》明确提出对排污单位的许可排放浓度和许可排放量的法律要求，明确了许可排放量就是对排污单位的总量控制指标，在法律层面解决了企业排污总量控制的法律责任问题。同时为了要求排污单位在总量排放方面做到合规，管理办法中设计了自行监测、台账记录和执行报告等法律制度，要求排污单位按照排污许可证的要求自行监测、自行台账记录、按期提交执行报告，由属地管理部门通过“审计式”检查，将总量减排考核管理要求到每一个固定源。根据《控制污染物排放许可制实施方案》，排污许可制作为依法规范企事业单位排污行为的基础性环境管理制度，生态环境部门对企事业单位发放排污许可证，并依证监管，从 2017 年到 2020 年，逐步对全部固定源实施排污许可证管理。根据《关于省以下环保机构监测监察执法垂直管理制度改革试点工作的指导意见》的要求，将县级环境监测机构的主要职能调整为执法监测，支持配合属地环境执法，此改革在“十三五”时期全面完成。

7.2　排污许可制度实施监督管理总体设计

7.2.1　总体思路

（1）明确排污许可管理的政策目标及分阶段目标

按照《实施方案》和《排污许可管理办法（试行）》，排污许可证的定位是固定源环境守法的依据、政府环境执法的工具、社会监督护法的平台，排污许可证中包含了固定源所需要遵守的全部管理要求。排污许可证“一证式”管理，制度实施的直接目标是通过排污许可证管理落实排污单位的守法主体责任，明晰管理部门的有限监管责任。守法的责任主体是固定源，通过信息的测量、收集、记录、处理、分析，证明自己的排放行为符合法律法规的要求；执法的主体是环保行政主管部门，通过对污染源的守法信息进行收集和分析，确认守法状况、为执法行动提供证据、查明和矫正违法行为。

根据本研究提出的三个阶段目标，确定各阶段监督检查的重点。排污许可制度是固定源的核心管理制度，最终目标是改善环境质量，途径是地区排放总量的削减。排污许可制度的管理对象是固定源，直接目标是实现源的稳定达标排放。一是保证排污许可证的质量，通过对信息的监管，提高排污许可信息质量；二是按照排污许可证的要求进行监管，确保排污单位能够做到守法；三是根据环境质量改善需求，依托排污许可证将环境质量改善要求落实到具体排污单位，从而实现环境质量的改善。三个目标呈“倒金字塔”的关系，自下而上不断加严，同时自下而上呈因果关系，只有进行规范管理，才能实现源排放状况的改善，进而促进环境质量的改善。

（2）分层次设置考核内容

按照制度落实和发挥作用的一般规律，结合排污许可证制度分阶段目标，分层次考虑排污许可证制度考核内容。首先，考虑排污许可证制度的落实情况，即是否按照排污许可证制度的统一要求开展排污许可证的管理工作，包括是否按照要求规范、科学、有效发放排污许可证，排污许可证的质量是否符合国家的基本要求，是否要求持证单位按照排污许可证的要求开展自行监测、进行台账记录，相关信息质量是否符合要求等。其次，考虑排污许可证管理对象的改善情况，即持证单位的排污行为是否有所改善，包括达标率的改进，通过全过程信息记录和加强监管，降低长时间尺度的排放浓度，减少污染物排放总量。最后，要考虑排污许可证的监管是否对环境质量改善有成效。

对于上述三个层次的考核内容，按照排污许可制度落实的路径，还可以进一步细化为五个方面的考核权重因子。首先以能够反映直接履职情况的排污许可证核发质量为首要权重因子，其次以排污许可证证后监管为第二权重因子，以全面达标排放情况为第三权重因子，以总量减排情况为第四权重因子，以环境质量改善情况为第五权重因子。这样的权重分配，也是考虑环境质量改善与环境税、散乱污治理、居民燃煤替代、机动车管控等多项政策的实施有关，企业总量减排与错峰生产、治理设施改造等有关，也非排污许可证管理的直接结果。

（3）对不同区域体现差异考核并兼顾公平

实施排污许可制度，最终目标是改善环境质量，保障公众环保权益，因此考核与目标区域环境质量是否达标有关，但是考虑到国家不同区域的经济发展与管理水平，也要在体现差异的基础上兼顾公平。对于达标区域，公众环境权益较为有保障，对源的监管力度和压力可相对降低；而对于非达标区域，应以实现达标为重要目标，对源的监管应尽可能严格，促进源达标排放水平的不断提升。故对于达标区域和非达标区域，应设置差异性的监督管理目标。

例如，对位于达标区的现有固定源，能够达到基本的国标或地标即可，不再提出更严格的排放量要求；对于位于达标区的新准入固定源，在环评（项目准入）阶段，可在达到行业排放标准的基础上，提出基于更先进技术水平（如参照最佳可行技术目录，建立绩效指标等）的排放量要求。针对非达标区，需要提出更严格的许可量要求。针对非达标区的现有固定源，在达标排放的基础上，必须满足城市达标规划的要求，执行更为严格的排放量标准，包括年许可排放量要求，冬季采暖期的季度许可量要求，以及重污染天气应对的日许可量要求，激励现有固定源进行技术升级，提高排放控制管理技术水平。针对非达标区的新准入固定源，需要执行最严格的排放量要求，其排放量必须来源于已有源达到最佳可行控制技术水平之后的超额削减量，并采用行业内最先进的污染控制技术水平。通过基于技术水平和历史绩效等方法，根据环境质量目标的要求而确定。通过一致的程序和方法，控制排放量的“总闸门”，激励和倒逼企业技术升级，改善环境质量。但是，排污许可制度的实施还应尽可能公平，同时还应将促进落后地区的技术进步和管理水平提升作为重要的目标。故此，对于源达标排放改善并不能过于放宽，也应作为重点考虑因素。

7.2.2　总体框架

根据上述总体思路，政府监督管理总体框架见图 7-1，在排污许可证的不同管理阶段，按照排污许可证实施监督检查的三个层次，监督检查的重点内容有所区分。

在第一阶段，以信息管理和归真为排污许可证制度的主要目标，这与排污许可证制度的工作目标相契合，在此阶段以制度实施的过程情况作为监督检查的重点，重点考虑排污许可证核发质量，同时逐步转向对证后监管的监督检查，其中对证后监管的重点为信息的管理情况。

在第二阶段，以推动持证单位按证排污为排污许可证制度的主要目标，在此阶段重点推动持证单位的稳定达标排放，本阶段在第一阶段的基础上开展，也就是说建立在信息管理和归真的基础上。以往的管理制度未对信息监管予以重视，因此也无法获得能够支撑判定排污单位持续稳定达标的证据。在信息管理和归真基础上的排污许可证制度，具备依托信息进行持证单位监管的条件，应通过对持证单位信息持续监控实现推动排污单位全面达标排放，进而实现排放总量的降低。第二阶段，还应同时监管第一阶段对证后监管的监督检查，只有持续开展对证后监管情况的监督管理，才能持续改进信息的质量，为依托信息监管提供可能。

第三阶段，以环境质量改善为主要目标，此阶段应在第二阶段的基础上，重点考虑如何精准建立质量与排放的关联，进而通过排放监管对区域环境质量进行改善。在第三阶段以环境质量改善为主要目标，并不意味着前两阶段不是以环境质量改善为目标的，而是说，在前两个阶段因为信息监管和稳定达标排放尚未做到，以环境质量倒推的持证单位排放要求是否能够落实到位，是无法保障的，因此应首先将信息基础打牢，并依托信息监管逐步实现对排污单位的持续监管，这样才能够为根据环境质量精准控制污染排放奠定基础。

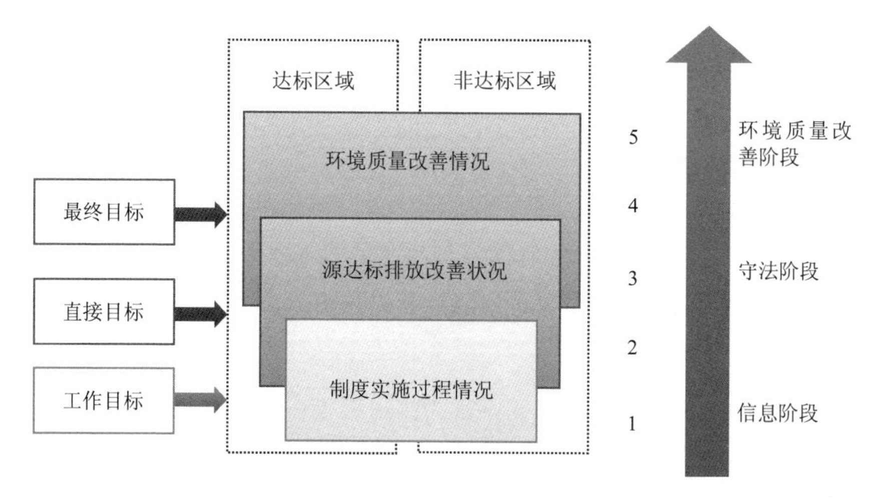

注：1. 排污许可证核发质量；2. 排污许可证证后监管；3. 全面达标排放情况；4. 总量减排情况；5. 环境质量改善情况

图 7-1　政府监督管理总体框架图

7.2.3 实施机制

固定源监测管理政策的相关者主要包括作为守法责任主体的固定源所有者或运营者，作为监管与执法责任主体的环保主管部门，也包括为二者服务的技术支持单位等其他主体。各级环保主管部门需要依法履行法律赋予的职权，承担法律规定的责任。按照《排污许可管理办法（试行）》的规定，排污许可证监管的原则是“谁核发，谁监管”。根据垂改意见，环境执法实施属地管理。可见，在法律授权和垂改意见的要求下，对固定源的监测监管，生态环境部主要负责政策的制定和监督执行，省级环保主管部门主要负责政策的组织实施和监督，市级环保主管部门及其派出机构负责核发排污许可证和实施证后监管。

在实施层面，承担排污许可证核发与实施证后监管的主要是市级环保主管部门。在核发部门内部，有没有合理的内部各部门责任分工和工作程序对于保证排污许可证的核发质量和证后实施的质量也非常重要。通常，在排污许可证核发时，企业需要提交申请材料，按照《办法》要求，由核发部门对申请材料的完整性、规范性进行审查。在核查时，涉及的关键环节包括“建设区域是否为禁止区域”“环评批复要求”“自行监测方案”“总量控制指标”等。因此，在核发部门内部，需要建立内部工作制度，通过严格的程序和相应的部门责任分工明确对核发环境的管理要求。例如，是否在禁止区域由属地主管部门审核、自行监测方案由市级环保局监测部门审核、环评批复由环评部门审核、总量指标由总量减排管理部门审核，最后形成共同会签的审核意见，完成审核工作，从而把控核发的重要环节，确保核发的质量。在证后监管部分，属地监管部门制定监管执法计划并按照计划落实。根据垂改意见的属地化管理要求，县级监测部门承担的主要职能由“监督性监测”转变为按证“执法监测”，县级分局直接领导，并接受市级核发部门的管理，通过建立监测与执法的联动和快速响应机制，配合环境执法。证后监管由上级主管部门监督和考核，以此明晰排污许可证执法监测和执法管理的监管责任。

排污许可证管理的原则是“谁核发，谁管理”，市级主管部门承担了主要的排污许可证核发和证后监管的职责，对该部分的考核应当由省级环保部门来进行。国家对各省的宏观管理情况进行考核，考核内容以较为宏观的企业持证率、执行报告提交率、许可证质量抽检考核等为主，同时也要对各省的考核方案制定和落实情况进行考核。各省对下属各市的具体落实情况进行考核，考核内容除了与国家考核要求相一致的企业持证率等指标外，还需要增加以下内容：对具体落实情况，如代表责任落实情况的市级环保局与县级环保分局的会议记录、内部职责划分、局发文件内容和数量等指标的考核；对代表许可证质量的许可量和执行标准规范性、许可内容的规范性和全面性进行一定比例的抽检；对代表证后监管落实的执法计划制定情况、执法行动落实情况、企业自行监测落实情况、全面达标情况等进行考核。

在考核时可以按照权重分配，考核工作采用生态环境部总体负责考核、省级生态环境部门考核打分、市级生态环境部门自测评分的方式。省级生态环境部门向生态环境部报送年度考核情况，提供各项考核证明材料。生态环境部对各省报送的材料进行审核，并辅以实地抽检，对全国各地区的制度落实情况进行考核排名并通报考核分数。

7.3 监督检查内容与评估方法

按照排污许可证制度实施监督管理总体设计，将五项评估内容进一步细分为 17 项评估指标，针对每项检查指标按照相应的要求得到指标值进行评价，见表 7-1。

对于排污许可证质量，从排污许可证发证率、排污许可证规范性、排污许可证全面性、排污许可证核发程序四个方面考虑。对于排污许可证后监管，从执行报告提交率、执行报告审核情况、自行监测和台账记录落实情况、执法计划制订和实施情况、基于管理平台的日常监督管理、“审计式”执法开展情况、违证处罚情况等七个方面考虑。对于全面达标情况，从排放浓度达标率、排放总量达标率、违证依法处罚情况三个方面考虑。对于总量减排情况，仅考虑排放总量降低情况。对于地区环境质量改善，分别考虑达标地区和非达标地区，考虑非达标区域环境质量改善和达标区域环境质量反退化。

在进行评估时，在各阶段对不同检查内容进行赋分计算，可设置扣分项、加分项、“一票否决”项三类，根据各种情形对考核地区进行赋分，最终得到各地区排污许可证监督检查结果。

表 7-1　排污许可管理评估内容与指标

阶段	评估内容	评估指标	指标含义和计算要点	说明
第一阶段	排污许可证质量	排污许可证发证率	重点检查应发证企业实际按期发证情况。 简化管理、登记管理排污单位每漏发 10 家等同重点管理排污单位漏发 1 家	按照《固定污染源排污许可分类管理名录》规定的年度目标发证完成情况。 结合发改、工信、工商、税务等有关部门排污单位信息，结合专项检查、第二次污染源普查等信息，进行比对排查分析，考核发证情况
		排污许可证规范性	重点检查基本信息填报、相关编号、浓度限值、总量限值核算等内容是否严格按照相关技术规范填报和核算。 浓度限值、总量限值核算规范性作为“一票否决”项，若被检查的持证单位的浓度限值、总量限值存在原则性问题的，被检查的持证单位直接被判断不规范，其他内容存在问题扣除一定分数	每个行业随机抽取 1%～5%，每个省每个行业至少抽取 3 家企业
		排污许可证全面性	重点检查许可证涵盖排放源的全面性和许可证文本的全面性。是否存在应涵盖但实际并未纳入许可证管理的排放源或污染物，同时梳理每类源在许可证文本中各个环节均进行了考虑	
		排污许可证核发程序	重点检查许可证核发、变更是否按照管理规定程序开展	

阶段	评估内容	评估指标	指标含义和计算要点	说明
第一阶段	排污许可证后监管	执行报告提交率	重点检查是否所有持证单位按时报送季度、年度执行报告。 重点管理排污单位少报 1 家等同 10 家简化管理排污单位	每个行业随机抽取 1%～5%，每个省每个行业至少抽取 3 家企业
		执行报告审核情况	重点检查是否对执行报告开展审核，是否针对审核发现的问题责成持证单位进行改正	
		自行监测和台账记录落实情况	重点检查持证单位是否按照排污许可证载明的监测方案、运行台账记录要求开展监测和台账记录。其中自行监测和台账记录检查参照本研究第 7 章相关要求。 对于存在影响建立完整证据链的行为，作为“一票否决”项，被检查的持证单位作为未按照要求落实自行监测和台账记录要求处理	
	排污许可证后监管	执法计划制订和实施情况	重点检查是否定期制订针对排污许可证实施运行情况的执法检查计划，执法检查计划是否有利于促进排污单位按照排污许可证做好信息记录和信息管理。同时，检查执法检查计划是否得到切实落实	
		基于管理平台的日常监督管理	检查管理机构是否会基于管理平台对持证单位进行监控，是否能够及时发现持证单位未按要求开展自行监测、报送执行报告，执行报告中的相关信息是否存在明显的问题，是否能够基于报送的资料识别违证行为的可疑情况。 对于能够针对排污单位报送的信息及时发现排污单位存在不如实报送信息的情况，可以作为加分项，从而对这种情况进行鼓励	

阶段	评估内容	评估指标	指标含义和计算要点	说明
第一阶段	排污许可证后监管	“审计式”执法开展情况	重点检查管理机构是否有效探索开展“审计式”执法，对于“审计式”执法开展较好，尤其是能够有效促进持证单位改进信息记录、自行监测等行为的，应作为加分项进行鼓励	
		违证处罚情况	检查管理机构针对排污许可证违证情形的处罚开展情况，对于针对不同情形开展多种尺度、多种形式处罚的，能够有效促进持证单位改进依证管理、依证排污的，作为加分项进行鼓励	
第二阶段	全面达标情况	排放浓度达标率	根据自动监测、自行监测、执法监测等信息综合判断排污单位排放浓度达标率	已发证企业全覆盖
		排放总量达标率	按照实际排放量核算方法测算实际排放量，并判断排污单位排放总量达标率	
		违证依法处罚情况	重点检查管理机构对排放浓度、排放量超标的处罚情况，对于有效开展超总量处罚的作为加分项予以鼓励	
	总量减排情况	排放总量降低情况	在排放总量达标的前提下，核算通过加强排污许可证的监管、实现排放总量的降低情况。简化管理或其他未许可总量的，也根据实际采取的管理措施情况进行估算	已发证企业全覆盖
第三阶段	地区环境质量改善	非达标区域环境质量改善	分两个层次进行考虑，若非达标区域环境质量改善，则根据区域环境质量预测预报模拟估算持证单位对环境质量的影响状况，评估持证单位对环境质量影响的贡献情况；若非达标区域环境质量未改善，则直接判定未有效发挥排污许可证对环境质量的改善作用	以城市为整体进行评估

阶段	评估内容	评估指标	指标含义和计算要点	说明
第三阶段	地区环境质量改善	达标区域环境质量反退化	分两个层次进行考虑，若达标区域环境质量未退化，则根据区域环境质量预测预报模拟估算持证单位对环境质量的影响状况，评估持证单位对环境质量影响的贡献情况；若达标区域环境质量退化，则直接判定未有效发挥排污许可证对环境质量的改善作用	以城市为整体进行评估

第8章

公众参与支撑技术研究

8.1　国内生态环境领域公众参与基本情况

在直接规范指导公众参与的政策文件《环境保护公众参与办法》中，明确了公众环保参与的主要方式，即“环境保护主管部门通过征求意见、问卷调查，组织召开座谈会、专家论证会、听证会等方式征求公民、法人和其他组织对环境保护相关事项或者活动的意见和建议”，而公众“可以通过电话、信函、传真、网络等方式向环境保护主管部门提出意见和建议”。环境保护主管部门是上述几种主要参与形式的主要责任主体，同时还负责受理对各类“污染环境和破坏生态行为的举报”，还要“通过提供法律咨询、提交书面意见、协助调查取证等方式，支持符合法定条件的环保社会组织依法提起环境公益诉讼”，并“通过项目资助、购买服务等方式，支持、引导社会组织参与环境保护活动”。概括起来，政府职能部门掌控公众参与环保的全部轨道，所有社会组织和个人要按程序、按规范开展相关事项。

目前我国公众参与环保的方式，可归纳为以下三类：

①日常生活中的公众参与。其特征为唤起公众环境保护意识，鼓励公众自我约束和公众参与：政府和有关部门、环保组织通过宣传教育活动，在全社会倡导节能节水、绿色出行、垃圾分类、绿色生活等方式，居民在日常生活中自觉实施节约、低碳、绿色等各种对环境有利的、正面的、保护性的行为，如主动将玻璃、铝罐、塑料或报纸等进行分类回收，不去购买非环境保护产品，减少开车和减少油、气、电等消耗量，注重节约用水或对水进行再利用等。这方面认识比较统一，才能形成互相呼应的和谐局面。

②依法进行制度性参与。其特征是在现有制度下，依法遵循一定的程序和规范，面对诸多涉及面广的重大现实问题、征求公众的意见和建议，寻求环境问题的解决途径。通常具有组织性，是公众环保参与中最为核心而重要的环节，参与涵盖面最广。

制度性参与包括以下方面：一是信息公开，即政府必须公开相关环境信息，社会组织和居民通过网站、听证会、环境信访、新闻媒体等公开渠道，了解环境信息，行使环境知情权、参与涉及环境的各类项目决策、行为和活动；二是信访投诉及举报：即社会组织和居民通过环境信访渠道投诉、举报破坏周围环境的行动；对于没有公开的环境信息，可依法要求各级政府公开；三是参加环保志愿者活动，表达诉求，即居民参加各级政府或环保组织举办的环保志愿者活动、自愿为改善环境捐款等。

随着我国环境形势的日益严峻，一些环境意识较高的有志之士积极参与当地的环境保护工作，全国环境污染公众举报案件也呈逐年上升趋势。例如，圆明园防渗膜事件、福安事件、厦门 PX 事件、北京六里屯事件、广州市番禺垃圾焚烧厂事件等，都是公众积极参与推动的结果。

③特殊情境下的公众环保参与。主要指围绕环境权益而爆发、以突发性环境事件中群体事件形式呈现的集体行为，并不具备明确的组织性。近二十年来随着人民物质生活质量的改善、环境意识的提高，针对污染企业的突发性环境群体事件多有发生，一些事件中出现了暴力现象，或导致了破坏性后果，究其初衷和主因也是为维护自身的环境权益，保护生存环境。如浙江省东阳市和新昌县爆发的农民暴力抗议环境污染事件，厦门、四川、昆明等地围绕石油项目的群体聚集抗议事件等，表明环境保护不仅是一个环境安全问题，同时也与经济、利益问题密切相关。在遇到潜在环境污染或者处理污染事故时，相互协调机制和约束机制的缺失，容易使各方以自身利益最大化为出发点，导致环境事故或者群体性事件发生。近年环境保护公众参与发展迅速，已形成了一定的社会基础，污染企业与公众利益容易引起对抗性行为，如果处理不当，不仅使公众对政府的信任度下降，也严重影响了公众参与的积极性，阻碍了公众参与的良性发展。

从社会治理层面看，公众环保参与意味着环境管治理念的改变，意味着治理思路的创新，其关键在于把信息公开作为一个重要的治理手段，充分挖掘、发挥信息透明带来的监督和管理效能，建设和完善以信息公开为基础的知情、参与和监督的公众平台。国外经验证明，环境信息公开是环保公众参与的必备要素，也是一种非常有效的环境管控手段。在承认公众环境权的前提下，通过公开环境信息，借助舆论的影响力来规范政府和企业的行为，给环境损害者、污染者以强大的舆论压力，促使其约束自身，履行环境保护义务。这正是一个健康的、现代公民社会应具备的基本特质。在我国政府全力推进环境复合治理的新的历史阶段，公众环保参与必将迎来更大的发展。

8.2 排污许可制度公众参与现状调研

8.2.1 公众参与调研的主要考虑

做好排污许可证制度公众参与制度研究的关键是了解公众的参与需求。我国目前的排污许可证制度中的公众参与是以“供给式”为主的。也就是说，管理部门更多从自身的角度设想公众可能对哪些内容感兴趣、公众应当喜欢用哪些方式进行参与，换而言之，也是管理部门能够给公众参与提供什么样的内容和方式，然后以此为基础设计公众参与的内容和方式。公众参与中“需求式”的设计不足，即公众喜欢用什么样的方式进行参与、希望能够了解哪些信息，这些内容在排污许可公众参与中考虑较为欠缺，因此，本书希望通过调研的方式了解公众的需求。

“公众”是一个宽泛的概念，并非特指某个人或某些群体。根据《环境保护公众参与办法》，公众包括“公民、法人和其他组织”，在排污许可证制度中的公众，可以包括同类（同行业）监管对象、该领域内的专家学者、环保社会组织、受影响公众、对政策感兴趣的一般公众 5 个层面的对象。按照利益相关性、参与能力、专业能力、参与意愿 4 个层面的指标，对参与对象进行分级，如表 8-1 所示。

表 8-1 固定源排放标准政策过程公众参与对象分级表

级别	参与对象	利益相关性	参与能力	专业能力	参与意愿
1	同类被监管对象	***	***	***	***
2	领域内专家学者	**	***	***	**
3	环保社会组织	**	**	**	**
4	受影响公众	***	*	*	**
5	一般公众	*	*	*	*

政策过程中的利益相关者包括有组织的参与对象和无组织的参与对象，通常情况下，有组织的参与对象的参与能力、专业能力、参与意愿都比较强。行业内企业及其行业组织是第一级参与对象，由于行业内固定源是排污许可证制度的直接管理对象和执行者，许可证要求内容的适度性、适用性与其直接相关，企业具有最强的专业知识和实践经验，参与政策过程的意愿极其强烈，是最优先考虑的参与对象。相关领域的专家和学者是第二级参与对象，首先，由于研究工作需要，相关领域内的专家学者与政府管理部门和企业都有密切的联系，但又非直接利益相关者，具有相对独立的地位；其次，其参与能力与专业能力非常强，并且有足够的参与兴趣和在中立角度研究与建言的兴趣，属于重要参与对象。环保组织是第三级参与对象，环保组织一般都有特定的关注议题，为特定的群体发声，也具有专业能力，参与议题的积极性也比较强。第四级和第五级参与对象分别为受影响公众和一般公众，是数量最多、最复杂的参与群体。其中受影响公众可能是居住在企业周围、企业排污对其造成影响的居民，也可能是企业产品的主要使用者，由于排放标准的提高，导致的产品价格上涨会对其造成直接影响。一般公众则是排放标准管理政策可能产生间接影响，或与政策实施具有非确定性关系的群体，主要是对政策议题感兴趣的公众。这两类公众主体由分散的、缺少组织的个体组成，个体之间的专业能力和参与能力差异巨大，其中可能包括具有经验的从业者、工程师、律师等，也包括没有任何专业认识的家庭主妇、中学生等。因此，对于这两类参与对象，环保管理部门应当采取长效措施和针对性措施，培养这两类公众的参与能力，提升其参与意愿。

对于前三类公众，因为较为集中，可以通过座谈和深度访谈的方式获取参与意愿。对于后面两类公众，通过问卷调查的方式获取参与意愿是较为理想的方式。

8.2.2 排污许可证公众参与调查内容设计

公众参与一般分为事前参与（决策参与）和事后参与（监督参与和诉

讼参与)。排污许可证发放公众参与为决策参与，实施阶段公众参与的过程主要是监督企业是否按照许可的范围和要求开展生产活动和污染治理并达标排，为监督参与甚至可延伸至诉讼参与。

排污许可证制度是生态环境部大力推行的污染源监管制度，由于专业性比较强，在生态环境系统内部也仅有一定的专业技术人员才能掌握，对于公众来讲，要了解排污许可制度的内涵也比较困难。因此排污许可证实施过程中公众参与主体主要分为两部分，一是个人（公民)，一般对身边的污染排放企业较关注，而对影响整体环境的问题关注度较差，重点放至对企业的排污监督，二是非政府组织，因有一定的专业技术人员，具有专业的技术水平，对区域环境和重点项目的关注度更强，并可组织相关技术人员对环境污染物问题开展监督和研究，对企业对环境的危害影响作出专业的评判。由于专业和非专业人员的关注重点不同，参与的方式也不相同。在设计公众参与调查时，以受影响的一般公众为主要调查对象，主要从公众参与意愿、公众参与内容和公众参与方式三个方面考虑调查内容。

（1）公众参与意愿及其影响因素

排污许可证颁发过程中，企业是最直接的利益相关者，且有专业的技术人员和丰富的实践经验，参与许可内容制订过程的意愿非常强烈，而在许可证实施过程中，最直接的利益相关者是一般的公众，专业水平和参与能力差别巨大。在这个阶段，公众参与的意愿决定了参与的行动，在监督过程中，许可证实施阶段各个环节在哪些方面愿意主动参与，哪些方面是被动的参与？影响其参与意愿的因素有哪些？

（2）公众参与内容

排污许可证上所载信息量非常大，一般公众不具备专业识别的能力，对企业内部信息的了解只能通过政府或企业的信息公开，而对实际情况并不了解，从公众对企业排污对自身和周边环境的影响角度，了解公众更倾向于接受哪些信息内容，或公众认为哪些信息可以帮助他们判定企业的排污行为是否合法。

（3）公众参与方式

随着公众环境保护意识的提升，参与环境保护意愿逐步提高。由于信息公开有效平台少，公开范围窄，政府、企业和公众之间信息不对等，在许可证实施过程中公众不知如何参与到环境保护工作中。当公众发现企业违法排污，或企业与公众发生矛盾不能及时解决时，公众一般采取什么手段进行反应？向什么部门反映或采用哪种手段最有效等解决的途径。

8.2.3 排污许可证公众参与问卷调查情况

（1）样本的基本情况

此次调查共发放了 335 份问卷，用描述统计的方法对受访者的户籍、常住地、性别、年龄、职业、家庭年收入六个方面进行频数分析，具体数据见表 8-2。

表 8-2 受访者个人资料频数分析

<table>
<tr><th colspan="2">人口学特征分组</th><th>频数</th><th>百分比/%</th><th colspan="2">人口学特征分组</th><th>频数</th><th>百分比/%</th></tr>
<tr><td rowspan="2">户籍</td><td>城镇</td><td>247</td><td>73.73</td><td rowspan="2">性别</td><td>男</td><td>139</td><td>41.49</td></tr>
<tr><td>农村</td><td>88</td><td>26.27</td><td>女</td><td>196</td><td>58.51</td></tr>
<tr><td rowspan="10">常住地</td><td>江苏省</td><td>104</td><td>31.04</td><td rowspan="4">年龄</td><td>15～30 岁</td><td>182</td><td>54.33</td></tr>
<tr><td>北京市</td><td>30</td><td>8.96</td><td>31～45 岁</td><td>92</td><td>27.46</td></tr>
<tr><td>四川省</td><td>18</td><td>5.37</td><td>46～60 岁</td><td>59</td><td>17.61</td></tr>
<tr><td>辽宁省</td><td>18</td><td>5.37</td><td>61 岁及以上</td><td>2</td><td>0.60</td></tr>
<tr><td>湖南省</td><td>18</td><td>5.37</td><td rowspan="6">文化水平</td><td>研究生及以上</td><td>27</td><td>8.06</td></tr>
<tr><td>上海市</td><td>16</td><td>4.78</td><td>本科</td><td>165</td><td>49.25</td></tr>
<tr><td>浙江省</td><td>13</td><td>3.88</td><td>大专</td><td>62</td><td>18.51</td></tr>
<tr><td>广东省</td><td>13</td><td>3.88</td><td>高中/中专</td><td>58</td><td>17.31</td></tr>
<tr><td>湖北省</td><td>12</td><td>3.58</td><td>初中</td><td>20</td><td>5.97</td></tr>
<tr><td>福建省</td><td>12</td><td>3.58</td><td>小学及其他</td><td>3</td><td>0.90</td></tr>
</table>

人口学特征分组		频数	百分比/%	人口学特征分组		频数	百分比/%
常住地	黑龙江省	11	3.28	职业	企业管理人员	30	8.96
	河南省	11	3.28		专业技术人员	40	11.94
	其他地区	59	17.64		单位普通员工	50	14.93
					机关、事业单位工作人员	48	14.33
					工人	7	2.09
					个体经营者	17	5.07
					农民	4	1.19
					学生	99	29.55
					自由职业	31	9.25
					退休	9	2.69
				人均年收入	2.5 万元及以下	115	34.3
					2.5 万～5 万元	104	31.0
					5 万～10 万元	93	27.8
					10 万元以上	12	3.6
					不清楚	11	3.3

（2）调查内容总体情况

①参与意愿。

a. 对城乡企业排污情况的关注程度。受访者对常住地城乡企业排污情况的关注程度，分为完全不关注、几乎不关注、偶尔关注、经常关注、持续关注五类。调查结果显示，36.4%的受访者几乎或完全不关注，63.6%的受访者对企业排污情况有所关注。在这 63.6%的受访者中，有超过七成的受访者是偶尔关注，经常或持续关注的受访者只占 17%。

此外，问卷追加了两道多选题：一为目前所知的信息获取方式，二为促使主动了解的因素。有 329 人回答了目前所知的信息获取方式，占样本总数的 98.2%。结果与预想基本一致，在七个选项中，“微信、微博或手机 APP”占回答人数的近七成，“当地报纸”约占三成。微信、微博或手机 APP 和当地报纸是受访者目前最普遍知道的获取企业排污情况的方式。有 335

人回答了促使他们主动去了解的因素，占样本总数的 100%。其中，选择“企业与自身居住地距离”和“企业与其附近水源（河流湖泊等）的距离”均占回答人数的近七成。调查结果显示，促使受访者主动了解的因素主要是：企业可能会影响受访者接触的环境，如他们的居住环境、所接触的水源水质等。还有受访者指出对周围环境的直观感受，如气味、颜色等，会促使他们去主动了解，见图 8-1、图 8-2、图 8-3。

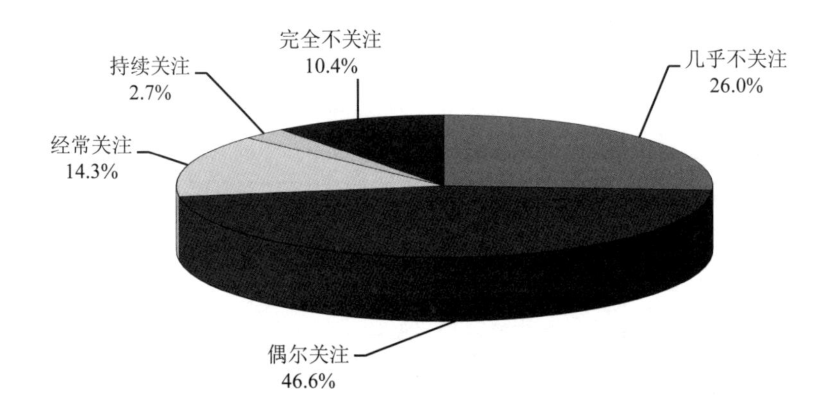

图 8-1 受访者对企业排污情况的关注程度

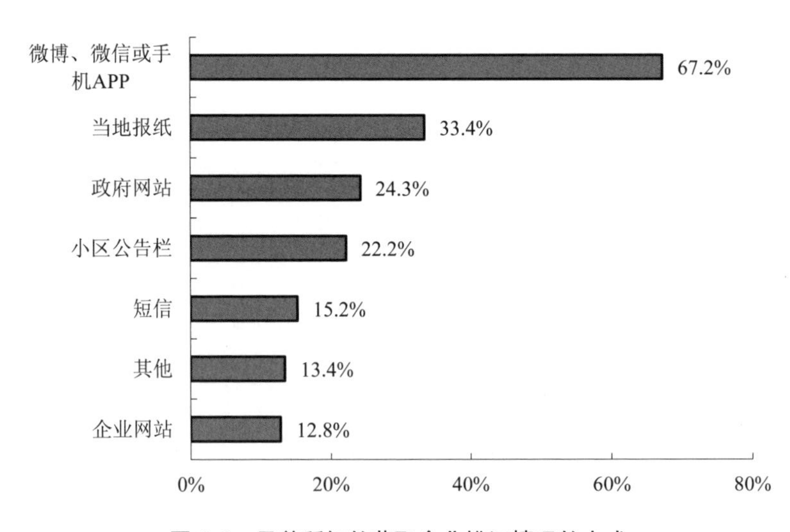

图 8-2 目前所知的获取企业排污情况的方式

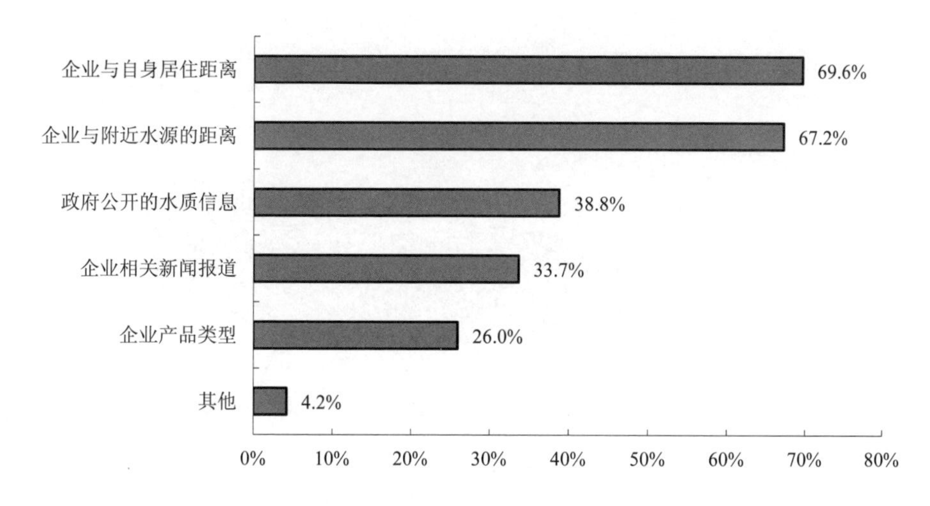

图 8-3　促使主动了解周边企业排污情况的因素

b. 对排污许可证制度的了解程度。受访者对排污许可证制度的了解程度，分为完全不了解、比较不了解、略有了解、比较了解、非常了解五档。可能与这项制度的改革相对较新有关，多数受访者对这项制度并不了解或者所知甚少。调查结果显示，63.6%的受访者对这项制度比较或完全不了解，只有 9%的受访者比较或非常了解。

在调研人员对排污许可证制度进行简单的介绍后，94%的受访者认为这项制度在理论上会对企业排放污染物的量和当地环境产生影响，且 75.6%的受访者认为这种影响会很大或者比较大，见图 8-4、图 8-5。

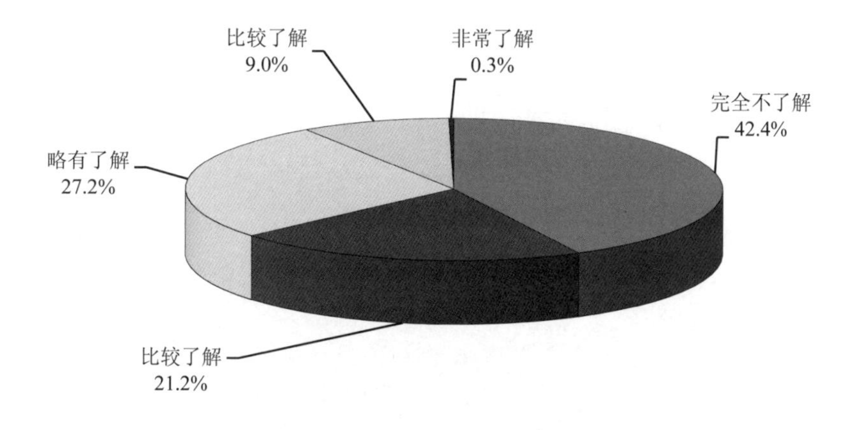

图 8-4　受访者对排污许可证制度的了解程度

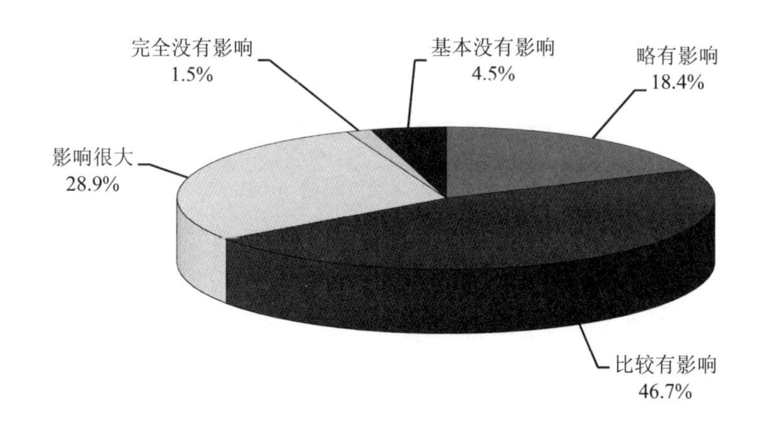

图 8-5 排污许可证制度在理论上的影响程度

c. 受访者的参与意愿。关于居民希望如何参与到排污许可证的核准、发放等环节，调查结果显示绝大多数受访者有意愿通过各种方式参与，只有 1.3%的受访者选择“没有参与意愿”。选择“没有参与意愿”的受访者给出的理由有以下几点：没有时间和精力、认为公众参与效果不大、认为有专门部门管理且与自身关系不大、对专业性技术知识不了解。对于有意愿参与的受访者，听证会、意见反馈箱和政府官网的接受度相对较高，受访者也提出了微博、微信公众号、入户调查、居委会商评等其他方式。

我们进一步考察了企业排污信息公开渠道和对公众意愿的重视程度对参与意愿的影响。调查结果显示，“企业排污信息公开渠道”和“对公众意愿的重视程度”对公众参与意愿的影响相对较大，且这两个变量对参与意愿的影响水平比较接近，六成左右的受访者认为影响很大或比较大，一成左右的受访者认为完全没有影响或比较没有影响，见图 8-6、图 8-7、图 8-8。

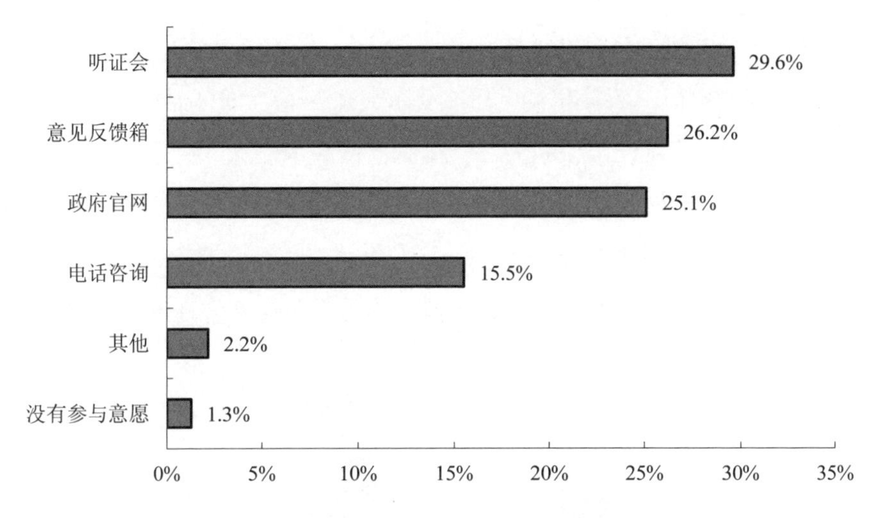

图 8-6　居民如何参与到排污许可证的核准、发放等环节

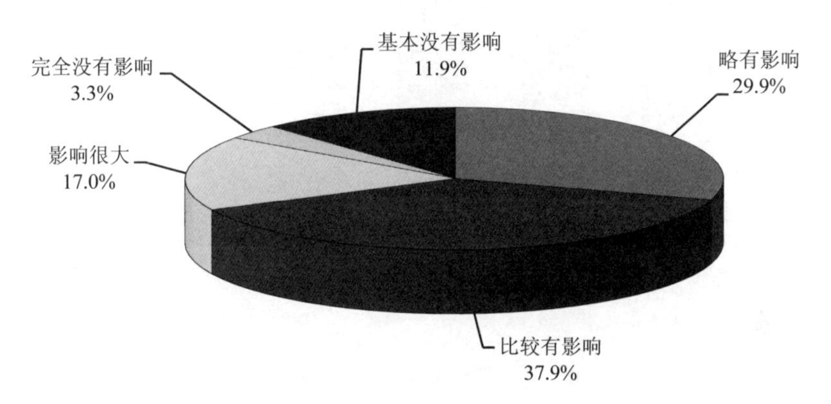

图 8-7　企业排污信息公开渠道对参与意愿的影响

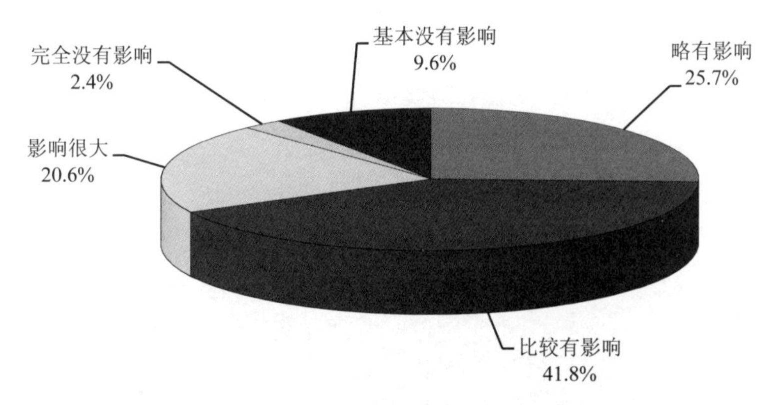

图 8-8　对公众意愿的重视程度对参与意愿的影响

（3）公众关注的信息

①许可证申请、颁发和变更环节公示关注信息。许可证申请环节公示关注一共设置了：A. 申请资格；B. 排污单位基本信息；C. 拟申请的许可事项；D. 产排污环节；E. 其他；F. 无 一共六个选项。显然，公众对于前四项具体信息的关注程度都比较高，尤其是排污企业信息和产排污的具体环节，这象征着个体的切身利益，因此从个人的角度不容马虎，见图 8-9。

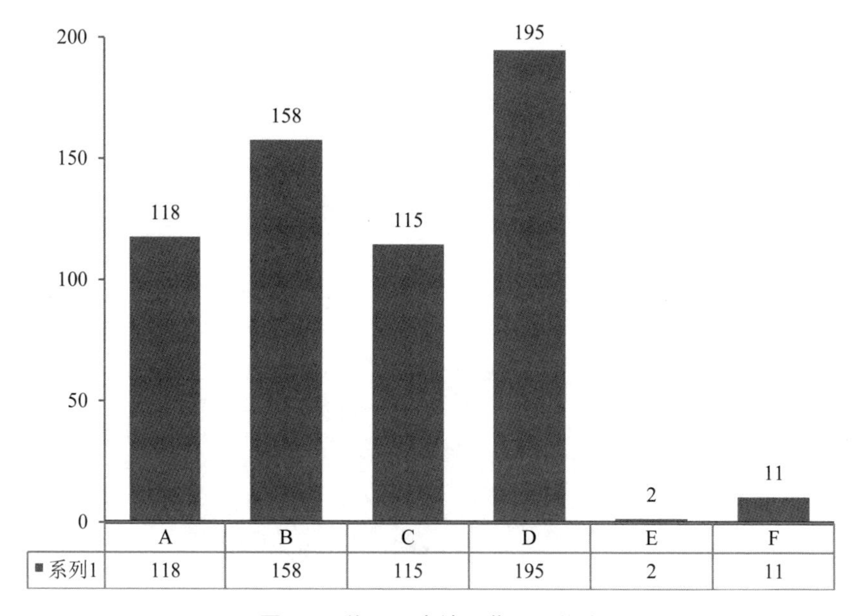

图 8-9 许可证申请环节公示关注

许可证颁发和变更环节公示一共设置了：A. 主体执行报告；B. 排污许可证信息变更及原因；C. 撤销的排污许可证信息及原因；D. 排污许可证审核进度；E. 其他；F. 无 同样是六个选项。在普遍关注度较高的同时“B. 排污许可证信息变更及原因和 C. 撤销的排污许可证信息及原因”两个选项在其中显得更为突出，这自然还是因为这两个选项和个人有着密切的联系，见图 8-10。

根据图 8-9、图 8-10 展示的信息，政府和企业在选择公示信息的时候可以尝试更具针对性，省略一些不必要的内容，把大多数人关心的内容放在最重要的位置上。

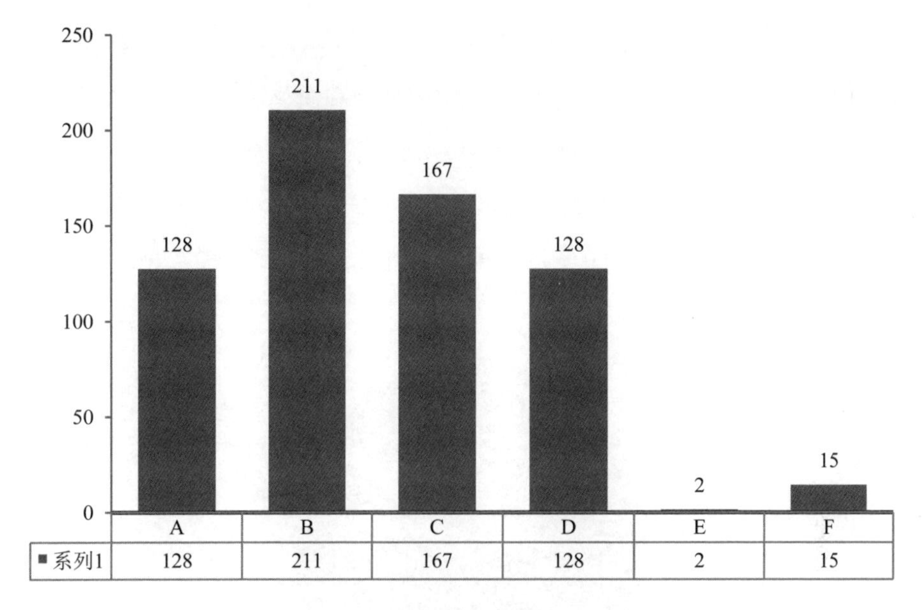

图 8-10　许可证颁发及变更环节公示关注

②公示时长意愿。公示时长一共有“A. 1～3 天；B. 5 天；C. 7 天；D. 10 天；E. 14 天及以上”一共五个选项，其中“7 天”和“14 天”也就是“一周”和“两周”两个选项平分秋色且占据了 70%的大比例，显然，公众对于公示时间是有一定要求的，时间太短显得过于敷衍，10 天的跨周分布又不太符合工作休息的独立性。这个数据结果同样能够给政府和企业的公示决策提供一定的参考，见图 8-11。

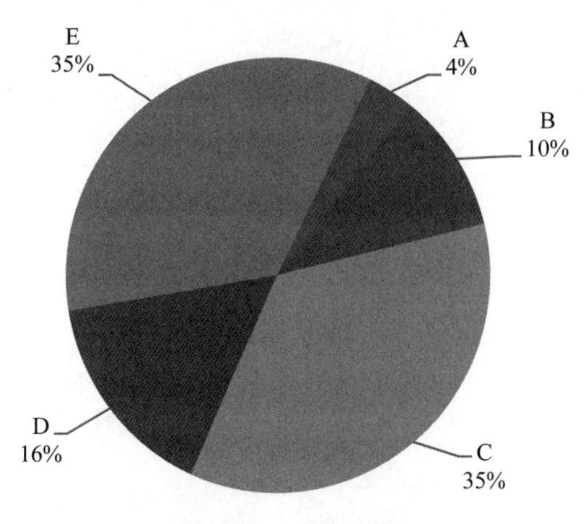

图 8-11　公示时长

③企业排污信息关注程度。问卷中此三题为填空题，为了方便统计，使图表更为清晰，对原选项进行了一定的处理和简化，显然对于这三个问题，绝大多数的人都表示相当迷茫，生活中对这类信息不会主动去关注，缺乏监管企业也无心去增加自己的负担，官方和媒体对于这一类信息更没有花人精力去传播，这和目前我们面临的现实是相当契合的，见图 8-12、图 8-13、图 8-14。

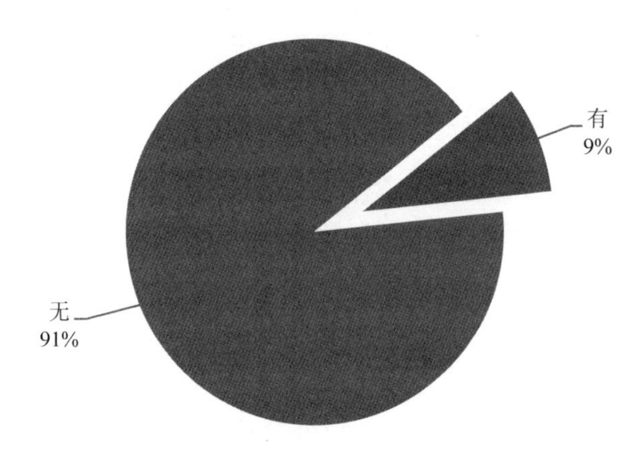

图 8-12 近期是否见到企业排污许可证相关信息

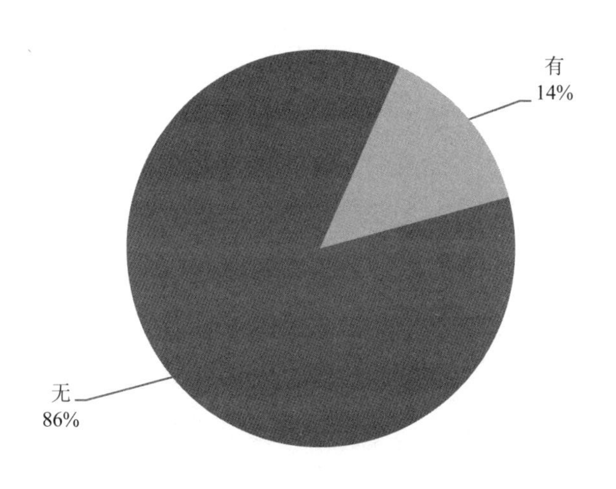

图 8-13 近期是否见到本地企业排污信息

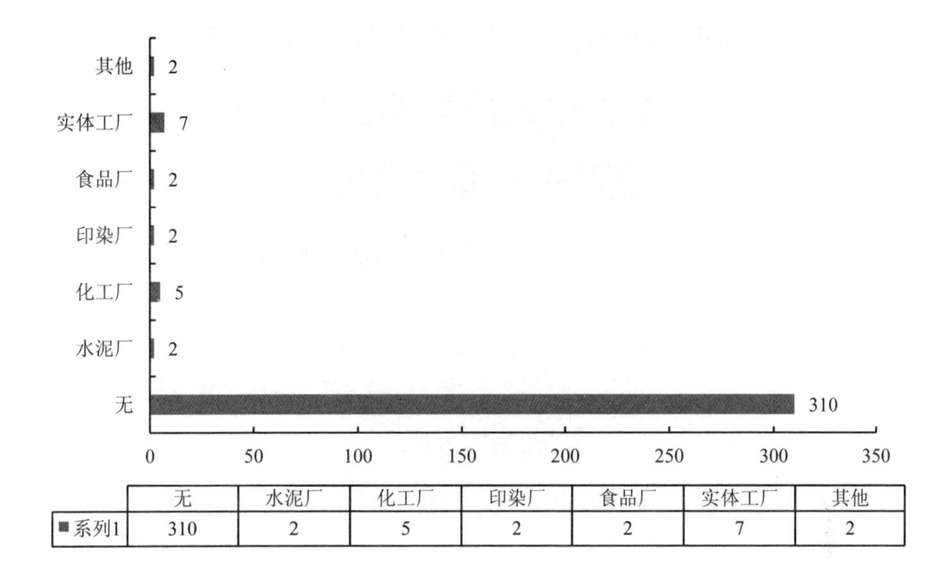

图 8-14　是否记得是何种企业

意识问题是一个长期的问题，解决之道不在一朝一夕，但要解决这个问题就必须要朝夕必争，一分一秒都拖延不得，要培养公民的意识根源在于体制自身的改革完善和公民教育的发展，百年功业，须得多管齐下。

④对公示信息的关注程度。这一个小类是关于公众对公示关注度的又一个考量，从关注频率和上心程度两个维度研究出数据。关注频率共有“A. 从不关心；B. 偶尔看看；C. 按固定频率时常关注；D. 出台后立即关注”四个选项，错过公示期的问题共有“A. 不太关心公示；B. 从未错过；C. 有时错过；D. 经常错过”同样是四个选项。

就统计结果而言，对公示无感以及错过是常态，占据了极大的比例。这个结果是显然的，再次印证了前面的结论，意识问题想要解决关键要看制度对于公民意见的负责程度以及公民的个人素质，教育和制度建设在长远来看缺一不可，见图 8-15、图 8-16。

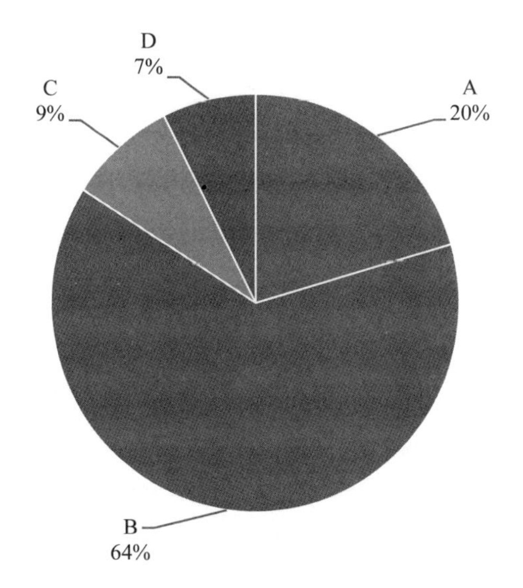

图 8-15 关注共识的频率

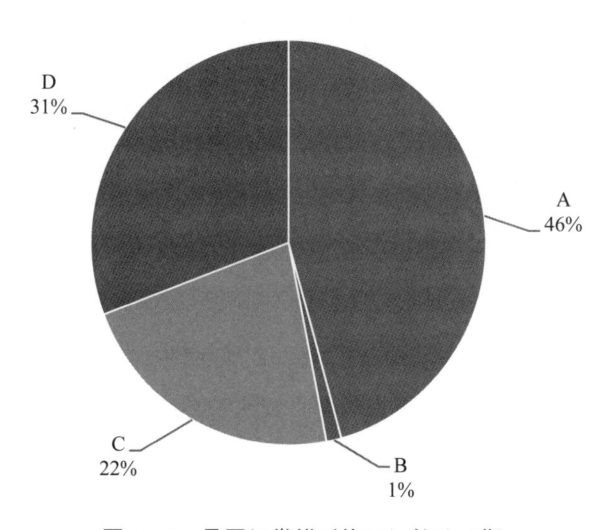

图 8-16 是否经常错过许可证的公示期

⑤对公示信息的需求。从图中可见，人们最喜欢通过微信公众号等社交网络账号获取排污许可证信息，这反映了在当下移动通信飞速发展的状况下，微信等社交网络是环保信息发布不可或缺的平台。除此之外，很多只选择了一项的受访者，他们的选项就是“3”。这也说明了，报纸等传统媒体影响力降低，很多时候微信等社交网络成为人们唯一的选择，我们认

为这一现象表示有必要加强在社交网络账号上进行排污许可证信息宣传，并且加强与谣言作斗争，见表 8-3，图 8-17。

表 8-3　对公示信息的需求

3.8	3.9	3.10	3.11	3.12	3.13
您倾向于通过何种渠道获取排污许可证信息？	您希望在排污许可证信息公开中看到什么内容？（可多选）	您希望数据以哪种方式呈现？（可多选）	您倾向于通过何种渠道得知生态环境部监察行动的开展？（开始时间、地点等）	您倾向于通过何种渠道得知生态环境部监察行动的结果？	您会关注生态环境部监察结果中的哪些信息？（可多选）
1=企业运营网站 2=政府官网 3=微信公众号、官方微博等社交网络账号 4=专门的 APP 5=报纸杂志 6=其他	1=排污口情况，如位置、数量、排放方式与去向 2=排放污染物种类 3=污染物排放浓度与许可排放量 4=监测方案 5=其他	1=时间序列图 2=周期内排污总量及许可范围的对比 3=周期排污平均量及许可范围的对比 4=单纯的原始数据 5=其他	1=企业运营网站 2=政府官网 3=微信公众号、官方微博等社交网络账号 4=专门的 APP 5=报纸杂志 6=社区街道 7=其他	1=企业运营网站 2=政府官网 3=微信公众号、官方微博等社交网络账号 4=专门的 APP 5=报纸杂志 6=社区街道 7=其他	1=对企业是否合规的判定结果 2=企业许可事项的落实情况 3=委托代理方 4=排污单位台账记录和许可证合理要求执行 5=其他 6=无

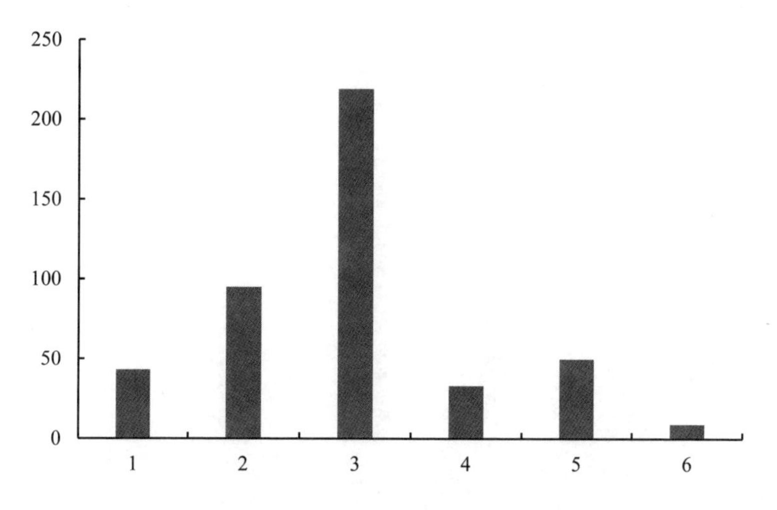

图 8-17　倾向于通过何种渠道获取排污许可证信息

通过问卷结果，可以发现，人们希望在排污许可证中看到什么信息是相对固定的，不同选项的人数基本相同，见图 8-18。

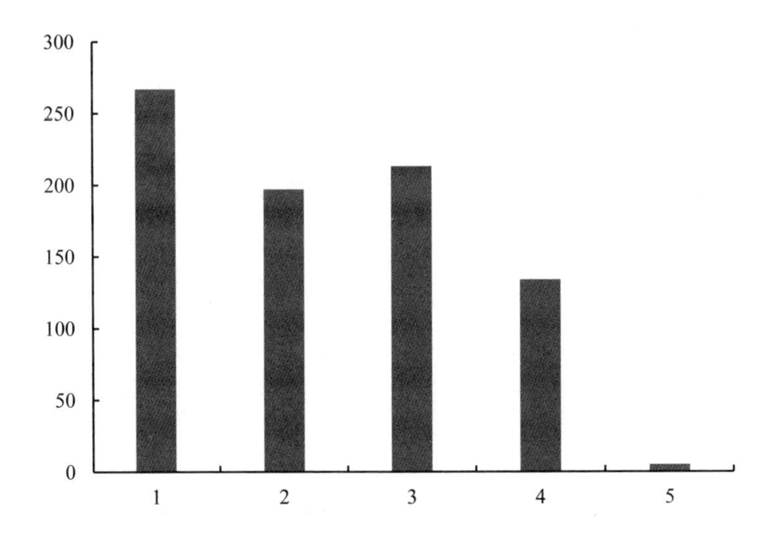

图 8-18 希望在排污许可证信息公开中看到什么内容

图 8-19 展示了受访者希望数据以何种形式呈现。从图 8-19 中可看出，一般来讲，人们希望看到周期内排污总量及许可范围的对比。这显示，受访者首要关心的不是污染物排放量的绝对值，而是相对值，也就是相对于核准的排污许可证标明的值，污染排放者是否有超标排放，见图 8-19。

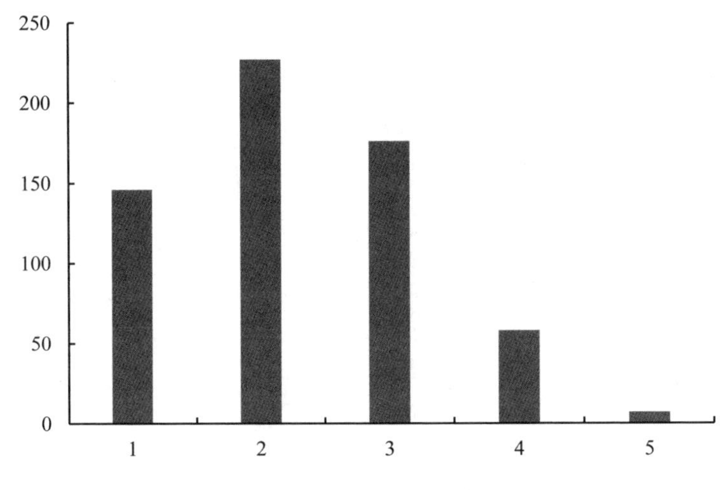

图 8-19 希望数据以哪种方式呈现

与 3-8 结果类似，3-11 与 3-12 的答案也反映出微信等社交网络的影响力。而社区街道等传统方式则只有少数人选择。但是除了微信这一途径之外，值得关注的是排名第二的政府官网。因为很多时候微信上的消息来源有些难以鉴别真伪，这时候由于对政府的信任，人们会求助于政府官网作为一种权威的消息来源对其他消息进行鉴别。但是参考现实中的情况，就可以看出，政府官网还需要进一步改进才能满足人们的对于信息的需求，见图 8-20、图 8-21。

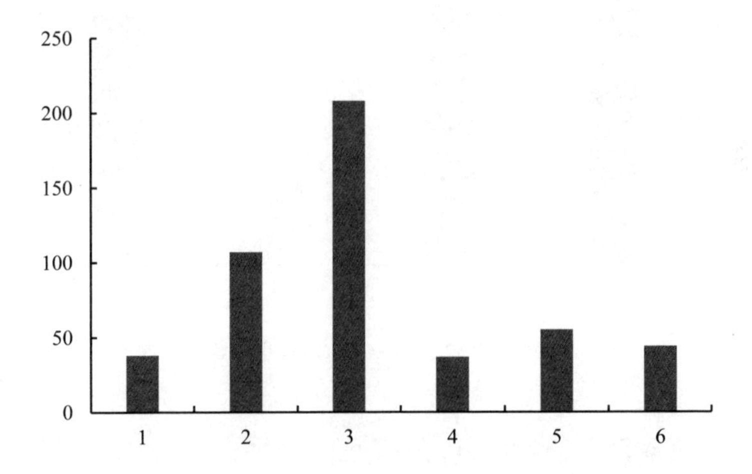

图 8-20　倾向于通过何种渠道得知生态环境部监察行动的开展

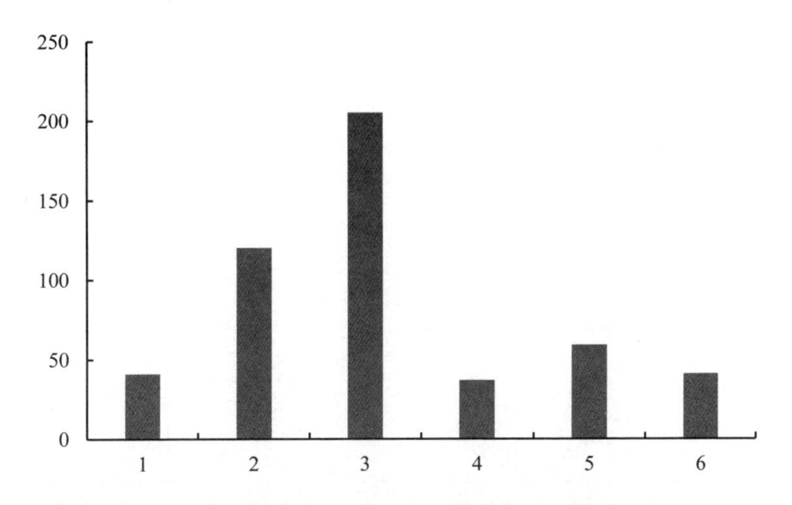

图 8-21　倾向于通过何种渠道得知生态环境部监察行动的结果

从此问题的答案可以看出，受访者最关注的是对企业是否合规的判定结果以及企业许可事项的落实情况，此外，排污单位台账记录和许可证合理要求的执行情况，也得到了高度关注。而一般不了解情况的委托代理方得到的关注则较少，见图 8-22。

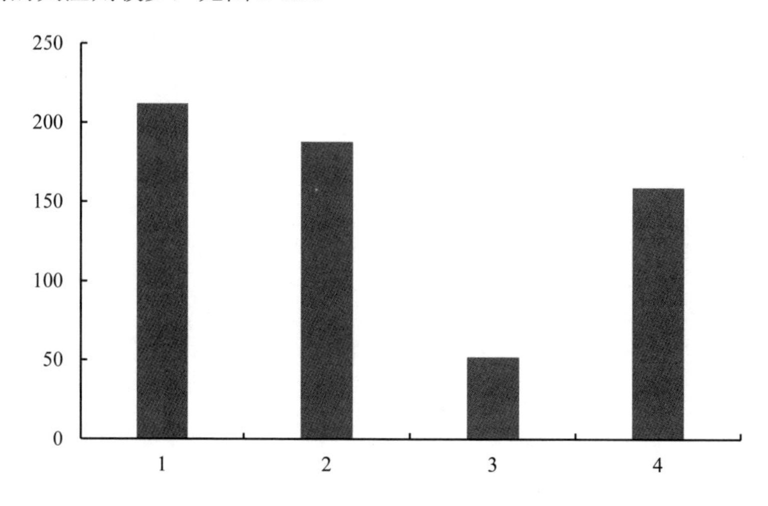

图 8-22　关注生态环境部监察结果中的哪些信息

此次一共调查了 335 个受访者，其中 330 名受访者对“您通常愿意向哪个机构反馈”多选题做出了回答，也就是说，有 330 个受访者在排污许可证的参与方式中愿意向某一机构进行反馈，约占总人数的 98.5%。

由表 8-4 可知，愿意向“新闻媒体”反馈的受访者最多，占反馈总数的 74.8%；愿意向“市级政府”反馈的受访者第二多，占反馈总数的 51.2%；愿意用“其他方式”反馈的受访者最少，占反馈总数的 3.0%，见表 8-4、图 8-23。

表 8-4　反馈渠道

排名	反馈渠道	人数	百分比
1	新闻媒体	247	74.8%
2	市级政府	169	51.2%
3	直接向企业反馈	97	29.4%

排名	反馈渠道	人数	百分比
4	人大代表	55	16.7%
5	省级政府	31	9.4%
6	中央政府	23	7.0%
7	其他	10	3.0%

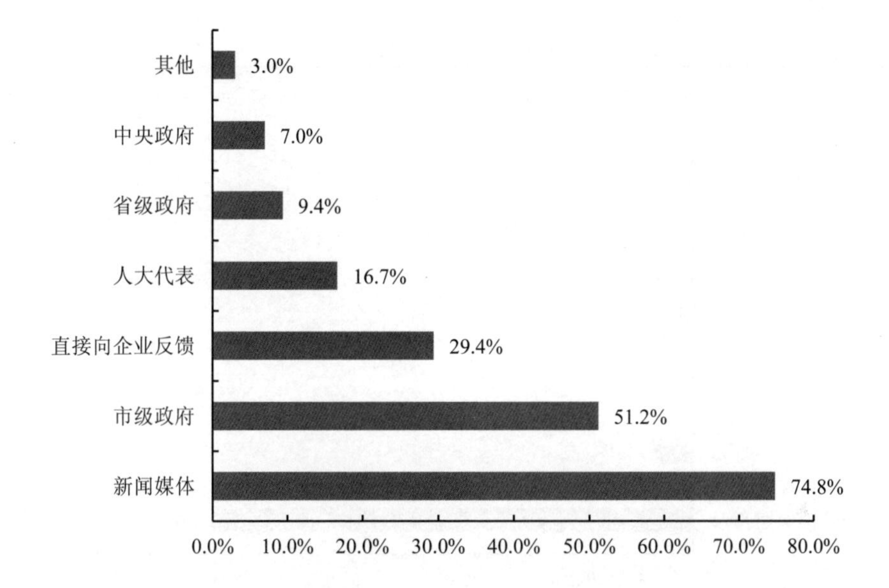

图 8-23　哪种监督方式对公众意见反馈效果比较明显

（4）向政府部门反馈的渠道选择

此次一共调查了 335 个受访者，其中 332 名受访者对“如果向政府部门反馈，一般是向哪类部门反馈呢？”多选题做出了回答，也就是说，有 332 个受访者在排污许可证的参与方式中愿意向某一政府部门进行反馈，约占总人数的 99.1%。

由表 8-5 可知，愿意向“环保部门”反馈的受访者最多，占反馈总数的 80.9%；愿意向“人大”反馈的受访者第二多，占反馈总数的 7.2%；愿意用“发展改革部门”反馈的受访者最少，占反馈总数的 2.1%，见表 8-5、图 8-24。

表 8-5 向政府部门反馈的渠道选择

排名	向政府部门反馈的渠道选择	人数	百分比
1	环保部门	271	80.9%
2	人大	24	7.2%
3	政协	12	3.6%
4	工业信息部门	8	2.4%
5	其他	8	2.4%
6	发展改革部门	7	2.1%

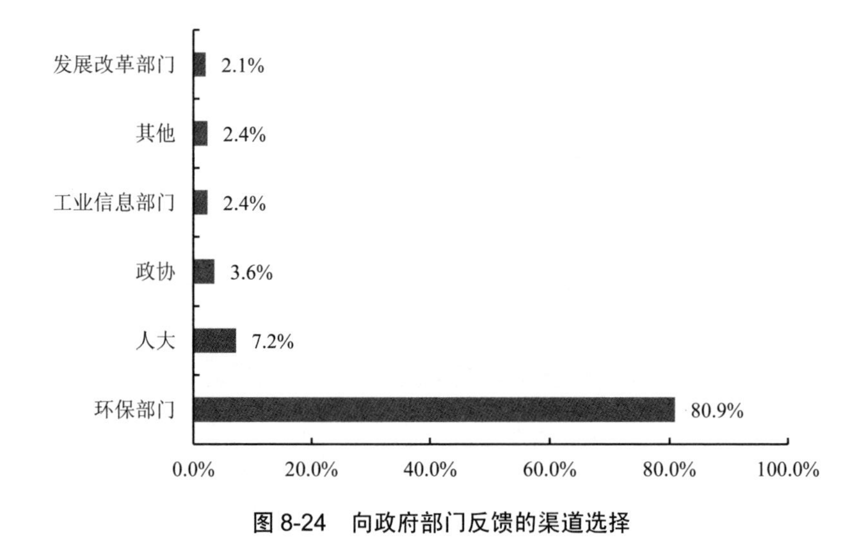

图 8-24 向政府部门反馈的渠道选择

（5）哪种监督方式对公众意见反馈效果比较明显

此次一共调查了 335 个受访者，其中 331 名受访者对“您认为哪种监督方式对公众意见反馈效果比较明显？”多选题做出了回答，也就是说，有 331 个受访者在排污许可证的参与方式中，约占总人数的 98.8%。

由表 8-6 可知，认为向“新闻媒体”反馈这个监督方式对公众意见反馈效果比较明显的受访者最多，占反馈总数的 63.0%；认为向“环保监察部门”反馈这个监督方式对公众意见反馈效果比较明显的受访者第二多，占反馈总数的 23.3%；认为向“省级政府”反馈这个监督方式对公众意见反馈效果比较明显的受访者最少，占反馈总数的 0.6%，见表 8-6、图 8-25。

表 8-6　对公众意见反馈效果比较明显的监督方式

排名	编码	哪种监督方式对公众意见反馈效果比较明显	人数	百分比
1	1	新闻媒体	211	63.0%
2	4	环保监察部门	78	23.3%
3	2	人大代表	13	3.9%
4	3	企业	9	2.7%
5	5	市级政府	9	2.7%
6	7	中央政府	9	2.7%
7	6	省级政府	2	0.6%
8	8	其他	0	0.0%

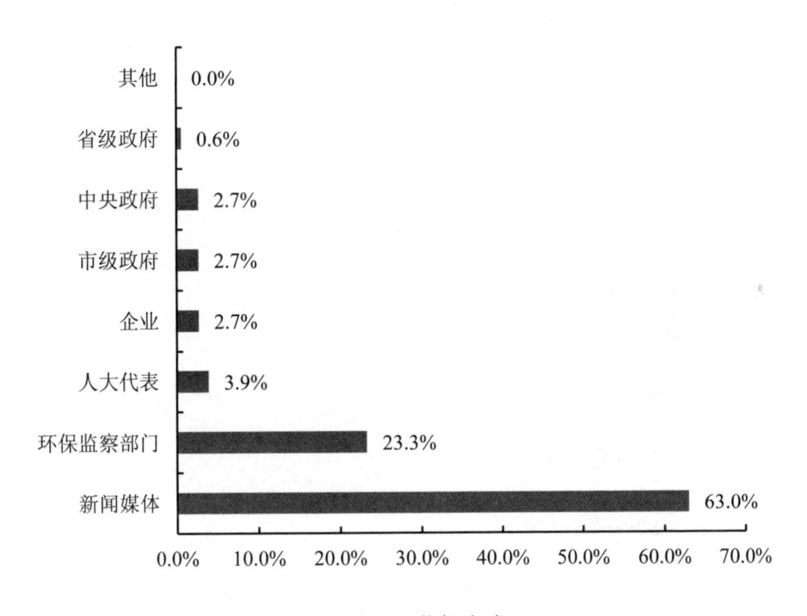

图 8-25　监督方式

8.2.4　参与方式分布

（1）第一参与方式

由表 8-7 可知，在公众参与的第一方式选择中，愿意将“热线电话”作为第一参与方式的受访者最多，占反馈总数的 34.9%；愿意将“官网投诉”

作为第一参与方式的受访者第二多，占反馈总数的33.7%；愿意用“其他方式”反馈的受访者最少，占反馈总数的1.5%，而其中以微博占大多数，见表8-7、图8-26。

表8-7　第一参与方式

排名	参与方式	人数	百分比
1	热线电话	117	34.9%
2	官网投诉	113	33.7%
3	电子邮件	33	9.9%
4	人际关系网络	22	6.6%
5	不反馈	19	5.7%
6	信访办	12	3.6%
7	写信	9	2.7%
8	其他	5	1.5%

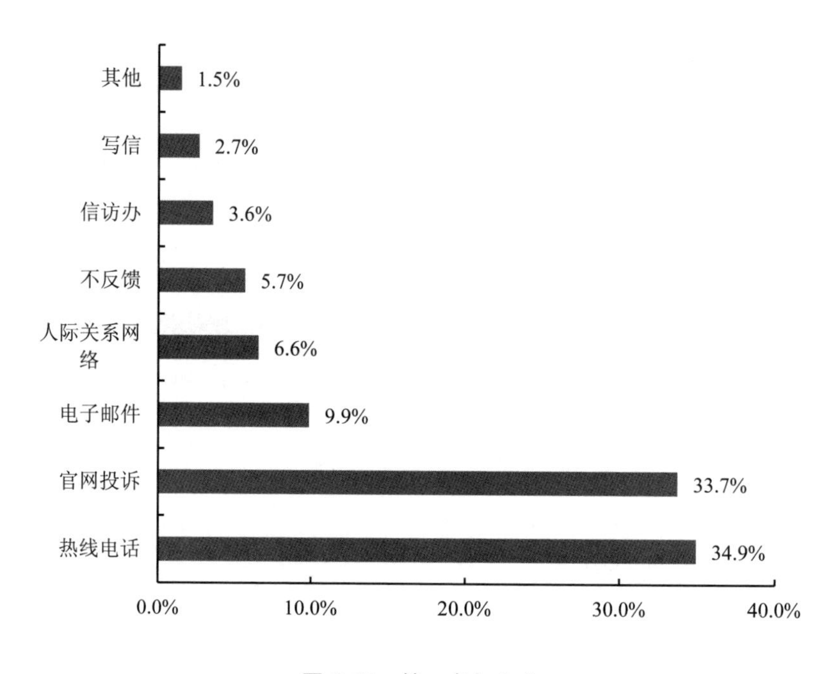

图8-26　第一参与方式

（2）第二参与方式

由表 8-8 可知，在公众参与的第二方式选择中，愿意将“热线电话”作为第二参与方式的受访者最多，占反馈总数的 27.98%；愿意将“官网投诉”作为第二参与方式的受访者第二多，占反馈总数的 24.8%；愿意用“不反馈”方式参与的受访者最少，占反馈总数的 0.6%，见表 8-8、图 8-27。

表 8-8　第二参与方式

排名	参与方式	人数	百分比
1	热线电话	93	27.8%
2	官网投诉	83	24.8%
3	电子邮件	64	19.1%
4	信访办	33	9.9%
5	人际关系网络	24	7.2%
6	写信	13	3.9%
7	不反馈	2	0.6%
8	其他	0	0.0%

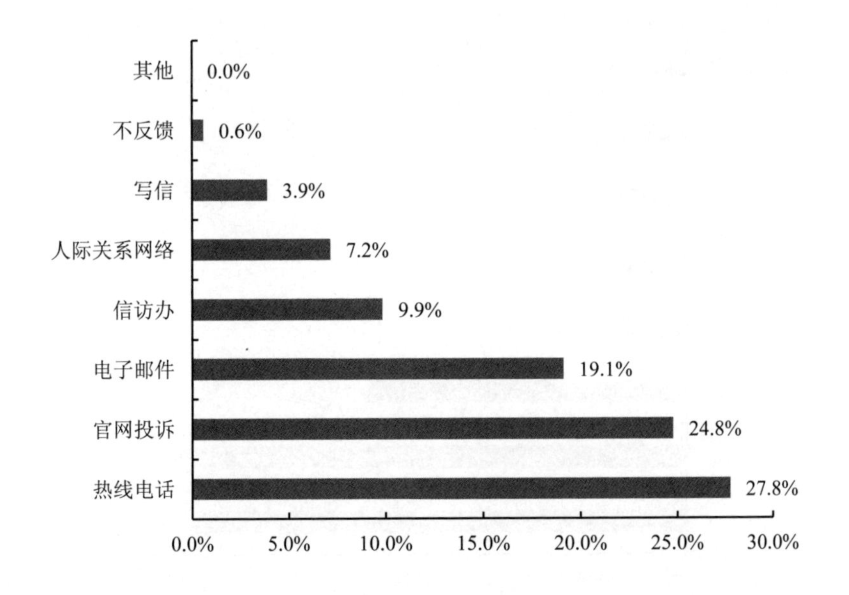

图 8-27　第二参与方式

（3）第五参与方式

由表 8-9 可知，在公众参与的第五方式选择中，愿意将“信访办”作为第五参与方式的受访者最多，占反馈总数的 24.5%；愿意将“写信”作为第五参与方式的受访者第二多，占反馈总数的 23.0%；愿意用“其他方式”反馈的受访者最少，占反馈总数的 1.5%，见表 8-9、图 8-28。

表 8-9　第五参与方式

排名	参与方式	人数	百分比
1	信访办	82	24.5%
2	写信	77	23.0%
3	人际关系网络	53	15.8%
4	电子邮件	23	6.9%
5	官网投诉	17	5.1%
6	不反馈	12	3.6%
7	热线电话	7	2.1%
8	其他	5	1.5%

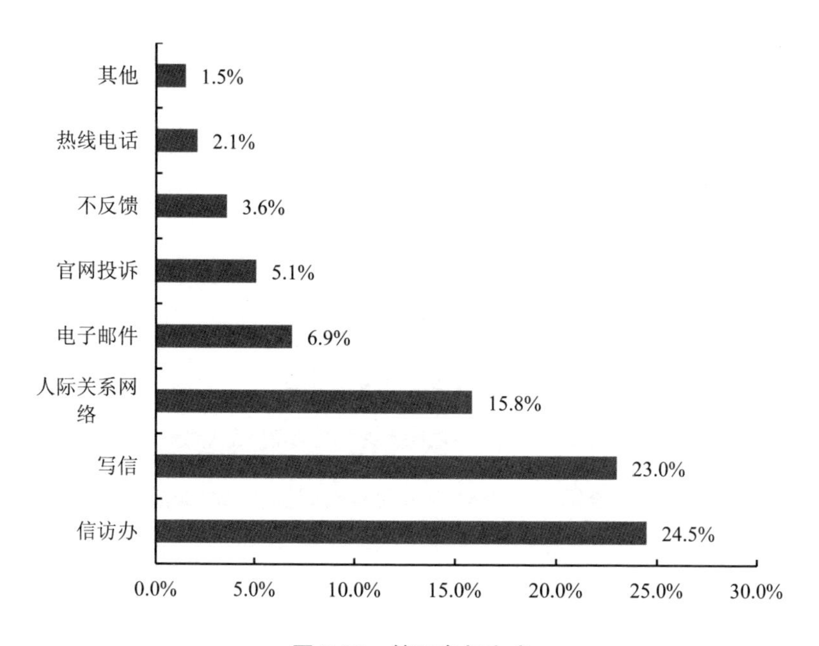

图 8-28　第五参与方式

8.2.5 调查结果分析

根据上述调查结果分析，可以得出以下几点结论：

（1）公众更倾向于通过新闻媒体渠道来反映问题

在排污许可证的实施环节中，公众在遇到相关问题时更倾向于通过曝光度高、影响人群多的新闻媒体渠道来反映问题，而这也可为排污许可证的实施环节设计提供借鉴，在公众监督方面更多引入新闻媒体渠道。

（2）公众更倾向于向市级环境保护部门反馈问题

市级政府在这当中也占据了较高比例，可知公众更易选择、更易接触与反馈的渠道进行参与。同时，如果向政府部门反馈，公众更愿意向专业性更高的环保部门进行反馈，也十分愿意选择威信力高的人大进行反馈，而对于发展改革部门这样统筹规划的部门选择很少，由此在排污许可证监督环节中更应该由专业性或威信力高的相关部门来承担主要职责，公众由此也更有动力参与。

（3）公众认为向新闻媒体反馈意见效果最佳

公众认为对于自己意见反馈效果好的选择是向披露性强、影响力广的新闻媒体反映，而对专业性强的环保监察相关部门反馈也十分有效，而觉得向如省级政府等的政府部门反馈的效果较差，这对于排污许可证设计也提供了相关借鉴，要多选择新闻媒体等影响广、涉及人群广的渠道或者环保部门这样专门负责环境相关事务的部门效果更好。

（4）有意愿参与的受访者更愿意通过听证会的方式参与到许可证的发放环节中

对于愿意参与到排污许可证发放环节的公众，听证会是参与方式意愿最高的，这种方式可以更加全面了解许可证发放的各种细节，也可以更加全面地反馈自己的意愿。

8.3 推动排污许可制度公众参与的设想与要点

多数国家在环保法律法规制修订、实施、评估等多个过程中提出了公众参与的要求。因为政府的环保管理活动必须参考其他相关者的意见，考虑社会公众的舆论影响，公众参与决策能够更好地反映公共利益与公共价值，有利于形成政策过程中的监督与制衡机制，有助于决策者获得更完整、更准确的信息。决策者应当把公众参与看作一个可以达成共赢的机会，通过公众参与了解各方利益需求，吸引各方参与决策，以此保证环境政策得到更广泛的公众支持，更容易获得推行。如《大气污染防治法》等相关法律除了规定政府和环保部门的地位和职责，还明确了企业作为治理主体的守法责任，并对信息公开与公众参与程序作出了实质性的规定。

8.3.1 公众参与的阶段和程序

按照排污许可证实施程序，各个环节采取相应有效参与方式的科学设计，才能确保参与效果。通过这样的设计，最终实现公众的有效参与和良性参与，真正做到引导公众参与到排污许可证管理的政策决策中。

第一，在排污许可证申请与核发技术规范编写过程中，以能够促进行业健康规范发展、保证政策要求落地的行业协会、行业企业为主要参与主体。许可证申请与核发技术规范制定过程中，要让行业协会等相关主体深入参与论证，从行业健康发展方向、推动行业政策顺利实施、行业要求客观科学、具体技术科学能够落实等为主要目的。

第二，排污许可证申请前信息公开阶段，以同类企业和周边受影响的公众为主要参与主体，以排污许可证申请与核发技术规范是否落地、相关要求是否能够满足周边公众环境诉求为主要目的。这一环节，目前仅是简单的通过网络信息公开，这是远远不够的，今后应逐步探索通过听证会、发放调查问卷等方式提高公众参与程度。

第三，排污许可证实施过程中的公众参与是长期的，也应该是全面的，这一阶段，应该是所有参与主体，分别从各自角度，对排污单位是否严格按照排污许可证的要求进行污染治理和排放进行全面的监督。这一环节的公众参与，最为重要也最难控制，只能通过不断培育公众的参与意识和参与能力，才能让公众成为政府监管的有效补充。这其中最关键的是，让公众能够明白和理解排污许可证相关的要求，因此宣教非常重要。

第四，排污许可证监督检查过程和结果的公众监督，这既是对排污单位是否按照管理部门的要求进行整改落实的监督，也是对管理部门是否对排污单位进行有效监管的监督，同时是第三环节监督的有效补充，见图 8-29。

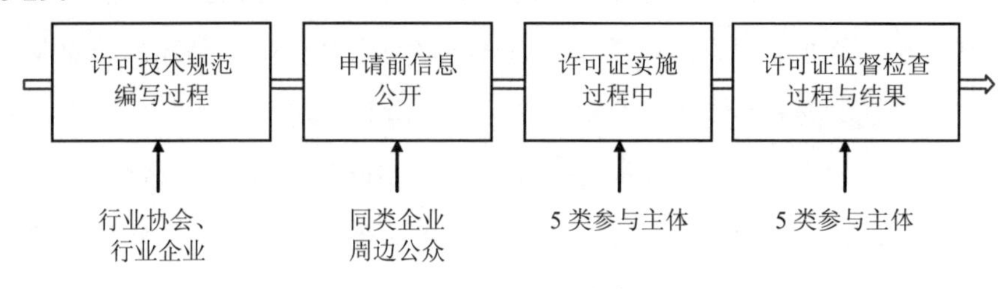

图 8-29　排污许可证公众参与主体

8.3.2　公众参与的长效培养机制

固定源排放标准政策过程的公众参与有助于形成更好的治理体系，使排放标准的制定更加科学，能够有效反映公共利益的价值所在，还能促进管理部门和各政策相关者的相互理解，有助于消除误解，使排放标准的实施更加顺利。但是，一方面各参与者的参与能力、参与意愿等存在差异；另一方面各方也存在信息不对称、立场有别等问题。因此，需要由强有力的政府管理部门主导公众参与，建立长效参与机制，培养各利益相关者的参与能力，建立与各方的良性互动关系，真正保证公众参与能起到多方参与决策的作用。

首先，公众参与有助于决策者获得更完整、更准确的信息，既包括技术、数据等事实信息，也包括各方的立场等价值信息。在获取信息的过程中，需要管理者和各方建立充分的信任关系，为各方提交政策建议提供机会，培养各方提供有效信息的能力，从而获得决策辅助信息。其次，公共参与需要强有力的组织者，特别是能够在中立的立场有效倾听、包容各方的观点，能够在多方共同参与的过程中解决争议，并建立合作关系。组织者分为多种，包括各个环节中设计问卷调查的政府组织者，包括企业之间达成共识的行业组织者，包括面向各个层面一般公众普及知识和引导参与的非政府组织机构组织者等。这些组织者之间仍然需要强有力的政府管理机构去引导，通过组织管理者会议等形式，培训组织者形成固定的工作模式，有助于公众参与工作能够顺利开展。最后，公共参与活动需要一定的场所、人员、经费支持，需要由政府在政策过程中做好预算，评估参与对象的能力，提供足够的公共投入，提供经费与人员支持。提升公众专业能力的方式主要包括宣传教育、定期交流、专业训练等。例如，由环保管理部门在《环境保护公众参与办法》的指导下，针对排污许可证各政策环节，针对特定的群体，制定可以推广、利于传播的公众参与指南文件，并通过大众媒体进行传播；对于主要的受影响公众，可以开设培训教程，对其代表进行公众参与方面的专业训练；与环保组织合作，鼓励其进行与公众参与有关的知识传播与交流活动；通过开设论坛、网络互动版块等方式定期与公众交流等。上述工作可以显著增加公众的参与意愿，提高他们的专业水平与参与能力。做好上述工作的基础源于各方对政府管理机构的信任程度，一是政府要做到足够透明，二是建立合理的预期范围。在政策过程中，设定各级参与者参与议题的范围、方式、程度、预期，并将其传达给参与的公众，避免他们的预期过高或者过低，保证各类对象能够起到公众参与的实质作用。

8.3.3 公众参与的便利性提升

首先，面对如此量大面广、数据量庞大的排污许可证信息，包括自行监测数据网络，除从信息获取便利性上加强研究和设计外，还应该加强对信息公开内容的研究和设计。单个企业层面，同时公布企业的原始监测结果和本企业长时间尺度的监测统计信息；从行业和区域层面，加强对监测数据与行业、区域的经济、社会等其他信息的关联指标发布。除此之外，开发污染源监测指数信息，用 1～2 个便于理解的综合性指标总体反映一个企业、一个行业、一个区域的污染源排放状况和监测开展状况，从而为公众参与提供一个明确的、直观的信号。

其次，根据现场调研结果，公众更倾向于相信通过听证会等方式反馈意见，这也反映了公众对通过网络参与的不信任，因此，在排污许可证公众参与方式上，应为公众反馈信息提供根据便利的渠道，让公众的意见得到充分的反馈。

另外，为了培育和提升公众参与能力，为了提升公众参与的便利性，应将排污许可证公众参与环节和参与方式等编制成《公众参与指南》，并向公众广泛宣传，让公众能够很容易知道如何参与，如何更好地参与，从而为发挥公众监督作用奠定基础。

附录

附录 1　排污许可管理办法（试行）

环境保护部令　第 48 号

《排污许可管理办法（试行）》已于 2017 年 11 月 6 日由环境保护部部务会议审议通过，现予公布，自公布之日起施行。

环境保护部部长 李干杰

2018 年 1 月 10 日

第一章　总 则

第一条　为规范排污许可管理，根据《中华人民共和国环境保护法》《中华人民共和国水污染防治法》《中华人民共和国大气污染防治法》以及国务院办公厅印发的《控制污染物排放许可制实施方案》，制定本办法。

第二条　排污许可证的申请、核发、执行以及与排污许可相关的监管和处罚等行为，适用本办法。

第三条　环境保护部依法制定并公布固定污染源排污许可分类管理名录，明确纳入排污许可管理的范围和申领时限。

纳入固定污染源排污许可分类管理名录的企业事业单位和其他生产经营者（以下简称排污单位）应当按照规定的时限申请并取得排污许可证；未纳入固定污染源排污许可分类管理名录的排污单位，暂不需申请排污许可证。

第四条 排污单位应当依法持有排污许可证，并按照排污许可证的规定排放污染物。

应当取得排污许可证而未取得的，不得排放污染物。

第五条 对污染物产生量大、排放量大或者环境危害程度高的排污单位实行排污许可重点管理，对其他排污单位实行排污许可简化管理。

实行排污许可重点管理或者简化管理的排污单位的具体范围，依照固定污染源排污许可分类管理名录规定执行。实行重点管理和简化管理的内容及要求，依照本办法第十一条规定的排污许可相关技术规范、指南等执行。

设区的市级以上地方环境保护主管部门，应当将实行排污许可重点管理的排污单位确定为重点排污单位。

第六条 环境保护部负责指导全国排污许可制度实施和监督。各省级环境保护主管部门负责本行政区域排污许可制度的组织实施和监督。

排污单位生产经营场所所在地设区的市级环境保护主管部门负责排污许可证核发。地方性法规对核发权限另有规定的，从其规定。

第七条 同一法人单位或者其他组织所属、位于不同生产经营场所的排污单位，应当以其所属的法人单位或者其他组织的名义，分别向生产经营场所所在地有核发权的环境保护主管部门（以下简称核发环保部门）申请排污许可证。

生产经营场所和排放口分别位于不同行政区域时，生产经营场所所在地核发环保部门负责核发排污许可证，并应当在核发前，征求其排放口所在地同级环境保护主管部门意见。

第八条 依据相关法律规定，环境保护主管部门对排污单位排放水污染物、大气污染物等各类污染物的排放行为实行综合许可管理。

2015 年 1 月 1 日及以后取得建设项目环境影响评价审批意见的排污单位，环境影响评价文件及审批意见中与污染物排放相关的主要内容应当纳入排污许可证。

第九条 环境保护部对实施排污许可管理的排污单位及其生产设施、

污染防治设施和排放口实行统一编码管理。

第十条 环境保护部负责建设、运行、维护、管理全国排污许可证管理信息平台。

排污许可证的申请、受理、审核、发放、变更、延续、注销、撤销、遗失补办应当在全国排污许可证管理信息平台上进行。排污单位自行监测、执行报告及环境保护主管部门监管执法信息应当在全国排污许可证管理信息平台上记载，并按照本办法规定在全国排污许可证管理信息平台上公开。

全国排污许可证管理信息平台中记录的排污许可证相关电子信息与排污许可证正本、副本依法具有同等效力。

第十一条 环境保护部制定排污许可证申请与核发技术规范、环境管理台账及排污许可证执行报告技术规范、排污单位自行监测技术指南、污染防治可行技术指南以及其他排污许可政策、标准和规范。

第二章 排污许可证内容

第十二条 排污许可证由正本和副本构成，正本载明基本信息，副本包括基本信息、登记事项、许可事项、承诺书等内容。

设区的市级以上地方环境保护主管部门可以根据环境保护地方性法规，增加需要在排污许可证中载明的内容。

第十三条 以下基本信息应当同时在排污许可证正本和副本中载明：

（一）排污单位名称、注册地址、法定代表人或者主要负责人、技术负责人、生产经营场所地址、行业类别、统一社会信用代码等排污单位基本信息；

（二）排污许可证有效期限、发证机关、发证日期、证书编号和二维码等基本信息。

第十四条 以下登记事项由排污单位申报，并在排污许可证副本中记录：

（一）主要生产设施、主要产品及产能、主要原辅材料等；

（二）产排污环节、污染防治设施等；

（三）环境影响评价审批意见、依法分解落实到本单位的重点污染物排放总量控制指标、排污权有偿使用和交易记录等。

第十五条 下列许可事项由排污单位申请，经核发环保部门审核后，在排污许可证副本中进行规定：

（一）排放口位置和数量、污染物排放方式和排放去向等，大气污染物无组织排放源的位置和数量；

（二）排放口和无组织排放源排放污染物的种类、许可排放浓度、许可排放量；

（三）取得排污许可证后应当遵守的环境管理要求；

（四）法律法规规定的其他许可事项。

第十六条 核发环保部门应当根据国家和地方污染物排放标准，确定排污单位排放口或者无组织排放源相应污染物的许可排放浓度。

排污单位承诺执行更加严格的排放浓度的，应当在排污许可证副本中规定。

第十七条 核发环保部门按照排污许可证申请与核发技术规范规定的行业重点污染物允许排放量核算方法，以及环境质量改善的要求，确定排污单位的许可排放量。

对于本办法实施前已有依法分解落实到本单位的重点污染物排放总量控制指标的排污单位，核发环保部门应当按照行业重点污染物允许排放量核算方法、环境质量改善要求和重点污染物排放总量控制指标，从严确定许可排放量。

2015 年 1 月 1 日及以后取得环境影响评价审批意见的排污单位，环境影响评价文件和审批意见确定的排放量严于按照本条第一款、第二款确定的许可排放量的，核发环保部门应当根据环境影响评价文件和审批意见要求确定排污单位的许可排放量。

地方人民政府依法制定的环境质量限期达标规划、重污染天气应对措施要求排污单位执行更加严格的重点污染物排放总量控制指标的，应当在排污许可证副本中规定。

本办法实施后，环境保护主管部门应当按照排污许可证规定的许可排放量，确定排污单位的重点污染物排放总量控制指标。

第十八条 下列环境管理要求由核发环保部门根据排污单位的申请材料、相关技术规范和监管需要，在排污许可证副本中进行规定：

（一）污染防治设施运行和维护、无组织排放控制等要求；

（二）自行监测要求、台账记录要求、执行报告内容和频次等要求；

（三）排污单位信息公开要求；

（四）法律法规规定的其他事项。

第十九条 排污单位在申请排污许可证时，应当按照自行监测技术指南，编制自行监测方案。

自行监测方案应当包括以下内容：

（一）监测点位及示意图、监测指标、监测频次；

（二）使用的监测分析方法、采样方法；

（三）监测质量保证与质量控制要求；

（四）监测数据记录、整理、存档要求等。

第二十条 排污单位在填报排污许可证申请时，应当承诺排污许可证申请材料是完整、真实和合法的；承诺按照排污许可证的规定排放污染物，落实排污许可证规定的环境管理要求，并由法定代表人或者主要负责人签字或者盖章。

第二十一条 排污许可证自作出许可决定之日起生效。首次发放的排污许可证有效期为三年，延续换发的排污许可证有效期为五年。

对列入国务院经济综合宏观调控部门会同国务院有关部门发布的产业政策目录中计划淘汰的落后工艺装备或者落后产品，排污许可证有效期不得超过计划淘汰期限。

第二十二条 环境保护主管部门核发排污许可证，以及监督检查排污许可证实施情况时，不得收取任何费用。

第三章 申请与核发

第二十三条 省级环境保护主管部门应当根据本办法第六条和固定污

染源排污许可分类管理名录，确定本行政区域内负责受理排污许可证申请的核发环保部门、申请程序等相关事项，并向社会公告。

依据环境质量改善要求，部分地区决定提前对部分行业实施排污许可管理的，该地区省级环境保护主管部门应当报环境保护部备案后实施，并向社会公告。

第二十四条　在固定污染源排污许可分类管理名录规定的时限前已经建成并实际排污的排污单位，应当在名录规定时限申请排污许可证；在名录规定的时限后建成的排污单位，应当在启动生产设施或者在实际排污之前申请排污许可证。

第二十五条　实行重点管理的排污单位在提交排污许可申请材料前，应当将承诺书、基本信息以及拟申请的许可事项向社会公开。公开途径应当选择包括全国排污许可证管理信息平台等便于公众知晓的方式，公开时间不得少于五个工作日。

第二十六条　排污单位应当在全国排污许可证管理信息平台上填报并提交排污许可证申请，同时向核发环保部门提交通过全国排污许可证管理信息平台印制的书面申请材料。

申请材料应当包括：

（一）排污许可证申请表，主要内容包括：排污单位基本信息，主要生产设施、主要产品及产能、主要原辅材料，废气、废水等产排污环节和污染防治设施，申请的排放口位置和数量、排放方式、排放去向，按照排放口和生产设施或者车间申请的排放污染物种类、排放浓度和排放量，执行的排放标准；

（二）自行监测方案；

（三）由排污单位法定代表人或者主要负责人签字或者盖章的承诺书；

（四）排污单位有关排污口规范化的情况说明；

（五）建设项目环境影响评价文件审批文号，或者按照有关国家规定经地方人民政府依法处理、整顿规范并符合要求的相关证明材料；

（六）排污许可证申请前信息公开情况说明表；

（七）污水集中处理设施的经营管理单位还应当提供纳污范围、纳污排污单位名单、管网布置、最终排放去向等材料；

（八）本办法实施后的新建、改建、扩建项目排污单位存在通过污染物排放等量或者减量替代削减获得重点污染物排放总量控制指标情况的，且出让重点污染物排放总量控制指标的排污单位已经取得排污许可证的，应当提供出让重点污染物排放总量控制指标的排污单位的排污许可证完成变更的相关材料；

（九）法律法规规章规定的其他材料。

主要生产设施、主要产品产能等登记事项中涉及商业秘密的，排污单位应当进行标注。

第二十七条 核发环保部门收到排污单位提交的申请材料后，对材料的完整性、规范性进行审查，按照下列情形分别作出处理：

（一）依照本办法不需要取得排污许可证的，应当当场或者在五个工作日内告知排污单位不需要办理；

（二）不属于本行政机关职权范围的，应当当场或者在五个工作日内作出不予受理的决定，并告知排污单位向有核发权限的部门申请；

（三）申请材料不齐全或者不符合规定的，应当当场或者在五个工作日内出具告知单，告知排污单位需要补正的全部材料，可以当场更正的，应当允许排污单位当场更正；

（四）属于本行政机关职权范围，申请材料齐全、符合规定，或者排污单位按照要求提交全部补正申请材料的，应当受理。

核发环保部门应当在全国排污许可证管理信息平台上作出受理或者不予受理排污许可证申请的决定，同时向排污单位出具加盖本行政机关专用印章和注明日期的受理单或者不予受理告知单。

核发环保部门应当告知排污单位需要补正的材料，但逾期不告知的，自收到书面申请材料之日起即视为受理。

第二十八条 对存在下列情形之一的，核发环保部门不予核发排污许可证：

（一）位于法律法规规定禁止建设区域内的；

（二）属于国务院经济综合宏观调控部门会同国务院有关部门发布的产业政策目录中明令淘汰或者立即淘汰的落后生产工艺装备、落后产品的；

（三）法律法规规定不予许可的其他情形。

第二十九条 核发环保部门应当对排污单位的申请材料进行审核，对满足下列条件的排污单位核发排污许可证：

（一）依法取得建设项目环境影响评价文件审批意见，或者按照有关规定经地方人民政府依法处理、整顿规范并符合要求的相关证明材料；

（二）采用的污染防治设施或者措施有能力达到许可排放浓度要求；

（三）排放浓度符合本办法第十六条规定，排放量符合本办法第十七条规定；

（四）自行监测方案符合相关技术规范；

（五）本办法实施后的新建、改建、扩建项目排污单位存在通过污染物排放等量或者减量替代削减获得重点污染物排放总量控制指标情况的，出让重点污染物排放总量控制指标的排污单位已完成排污许可证变更。

第三十条 对采用相应污染防治可行技术的，或者新建、改建、扩建建设项目排污单位采用环境影响评价审批意见要求的污染治理技术的，核发环保部门可以认为排污单位采用的污染防治设施或者措施有能力达到许可排放浓度要求。

不符合前款情形的，排污单位可以通过提供监测数据予以证明。监测数据应当通过使用符合国家有关环境监测、计量认证规定和技术规范的监测设备取得；对于国内首次采用的污染治理技术，应当提供工程试验数据予以证明。

环境保护部依据全国排污许可证执行情况，适时修订污染防治可行技术指南。

第三十一条 核发环保部门应当自受理申请之日起二十个工作日内作出是否准予许可的决定。自作出准予许可决定之日起十个工作日内，核发环保部门向排污单位发放加盖本行政机关印章的排污许可证。

核发环保部门在二十个工作日内不能作出决定的，经本部门负责人批准，可以延长十个工作日，并将延长期限的理由告知排污单位。

依法需要听证、检验、检测和专家评审的，所需时间不计算在本条所规定的期限内。核发环保部门应当将所需时间书面告知排污单位。

第三十二条 核发环保部门作出准予许可决定的，须向全国排污许可证管理信息平台提交审核结果，获取全国统一的排污许可证编码。

核发环保部门作出准予许可决定的，应当将排污许可证正本以及副本中基本信息、许可事项及承诺书在全国排污许可证管理信息平台上公告。

核发环保部门作出不予许可决定的，应当制作不予许可决定书，书面告知排污单位不予许可的理由，以及依法申请行政复议或者提起行政诉讼的权利，并在全国排污许可证管理信息平台上公告。

第四章 实施与监管

第三十三条 禁止涂改排污许可证。禁止以出租、出借、买卖或者其他方式非法转让排污许可证。排污单位应当在生产经营场所内方便公众监督的位置悬挂排污许可证正本。

第三十四条 排污单位应当按照排污许可证规定，安装或者使用符合国家有关环境监测、计量认证规定的监测设备，按照规定维护监测设施，开展自行监测，保存原始监测记录。

实施排污许可重点管理的排污单位，应当按照排污许可证规定安装自动监测设备，并与环境保护主管部门的监控设备联网。

对未采用污染防治可行技术的，应当加强自行监测，评估污染防治技术达标可行性。

第三十五条 排污单位应当按照排污许可证中关于台账记录的要求，根据生产特点和污染物排放特点，按照排污口或者无组织排放源进行记录。记录主要包括以下内容：

（一）与污染物排放相关的主要生产设施运行情况；发生异常情况的，应当记录原因和采取的措施；

（二）污染防治设施运行情况及管理信息；发生异常情况的，应当记录原因和采取的措施；

（三）污染物实际排放浓度和排放量；发生超标排放情况的，应当记录超标原因和采取的措施；

（四）其他按照相关技术规范应当记录的信息。

台账记录保存期限不少于三年。

第三十六条 污染物实际排放量按照排污许可证规定的废气、污水的排污口、生产设施或者车间分别计算，依照下列方法和顺序计算：

（一）依法安装使用了符合国家规定和监测规范的污染物自动监测设备的，按照污染物自动监测数据计算；

（二）依法不需安装污染物自动监测设备的，按照符合国家规定和监测规范的污染物手工监测数据计算；

（三）不能按照本条第一项、第二项规定的方法计算的，包括依法应当安装而未安装污染物自动监测设备或者自动监测设备不符合规定的，按照环境保护部规定的产排污系数、物料衡算方法计算。

第三十七条 排污单位应当按照排污许可证规定的关于执行报告内容和频次的要求，编制排污许可证执行报告。

排污许可证执行报告包括年度执行报告、季度执行报告和月执行报告。

排污单位应当每年在全国排污许可证管理信息平台上填报、提交排污许可证年度执行报告并公开，同时向核发环保部门提交通过全国排污许可证管理信息平台印制的书面执行报告。书面执行报告应当由法定代表人或者主要负责人签字或者盖章。

季度执行报告和月执行报告至少应当包括以下内容：

（一）根据自行监测结果说明污染物实际排放浓度和排放量及达标判定分析；

（二）排污单位超标排放或者污染防治设施异常情况的说明。

年度执行报告可以替代当季度或者当月的执行报告，并增加以下内容：

（一）排污单位基本生产信息；

（二）污染防治设施运行情况；

（三）自行监测执行情况；

（四）环境管理台账记录执行情况；

（五）信息公开情况；

（六）排污单位内部环境管理体系建设与运行情况；

（七）其他排污许可证规定的内容执行情况等。

建设项目竣工环境保护验收报告中与污染物排放相关的主要内容，应当由排污单位记载在该项目验收完成当年排污许可证年度执行报告中。

排污单位发生污染事故排放时，应当依照相关法律法规规章的规定及时报告。

第三十八条 排污单位应当对提交的台账记录、监测数据和执行报告的真实性、完整性负责，依法接受环境保护主管部门的监督检查。

第三十九条 环境保护主管部门应当制定执法计划，结合排污单位环境信用记录，确定执法监管重点和检查频次。

环境保护主管部门对排污单位进行监督检查时，应当重点检查排污许可证规定的许可事项的实施情况。通过执法监测、核查台账记录和自动监测数据以及其他监控手段，核实排污数据和执行报告的真实性，判定是否符合许可排放浓度和许可排放量，检查环境管理要求落实情况。

环境保护主管部门应当将现场检查的时间、内容、结果以及处罚决定记入全国排污许可证管理信息平台，依法在全国排污许可证管理信息平台上公布监管执法信息、无排污许可证和违反排污许可证规定排污的排污单位名单。

第四十条 环境保护主管部门可以通过政府购买服务的方式，组织或者委托技术机构提供排污许可管理的技术支持。

技术机构应当对其提交的技术报告负责，不得收取排污单位任何费用。

第四十一条 上级环境保护主管部门可以对具有核发权限的下级环境保护主管部门的排污许可证核发情况进行监督检查和指导，发现属于本办法第四十九条规定违法情形的，上级环境保护主管部门可以依法撤销。

第四十二条　鼓励社会公众、新闻媒体等对排污单位的排污行为进行监督。排污单位应当及时公开有关排污信息，自觉接受公众监督。

公民、法人和其他组织发现排污单位有违反本办法行为的，有权向环境保护主管部门举报。

接受举报的环境保护主管部门应当依法处理，并按照有关规定对调查结果予以反馈，同时为举报人保密。

第五章　变更、延续、撤销

第四十三条　在排污许可证有效期内，下列与排污单位有关的事项发生变化的，排污单位应当在规定时间内向核发环保部门提出变更排污许可证的申请：

（一）排污单位名称、地址、法定代表人或者主要负责人等正本中载明的基本信息发生变更之日起三十个工作日内；

（二）因排污单位原因许可事项发生变更之日前三十个工作日内；

（三）排污单位在原场址内实施新建、改建、扩建项目应当开展环境影响评价的，在取得环境影响评价审批意见后，排污行为发生变更之日前三十个工作日内；

（四）新制修订的国家和地方污染物排放标准实施前三十个工作日内；

（五）依法分解落实的重点污染物排放总量控制指标发生变化后三十个工作日内；

（六）地方人民政府依法制定的限期达标规划实施前三十个工作日内；

（七）地方人民政府依法制定的重污染天气应急预案实施后三十个工作日内；

（八）法律法规规定需要进行变更的其他情形。

发生本条第一款第三项规定情形，且通过污染物排放等量或者减量替代削减获得重点污染物排放总量控制指标的，在排污单位提交变更排污许可申请前，出让重点污染物排放总量控制指标的排污单位应当完成排污许可证变更。

第四十四条 申请变更排污许可证的，应当提交下列申请材料：

（一）变更排污许可证申请；

（二）由排污单位法定代表人或者主要负责人签字或者盖章的承诺书；

（三）排污许可证正本复印件；

（四）与变更排污许可事项有关的其他材料。

第四十五条 核发环保部门应当对变更申请材料进行审查，作出变更决定的，在排污许可证副本中载明变更内容并加盖本行政机关印章，同时在全国排污许可证管理信息平台上公告；属于本办法第四十三条第一款第一项情形的，还应当换发排污许可证正本。

属于本办法第四十三条第一款规定情形的，排污许可证期限仍自原证书核发之日起计算；属于本办法第四十三条第二款情形的，变更后排污许可证期限自变更之日起计算。

属于本办法第四十三条第一款第一项情形的，核发环保部门应当自受理变更申请之日起十个工作日内作出变更决定；属于本办法第四十三条第一款规定的其他情形的，应当自受理变更申请之日起二十个工作日内作出变更许可决定。

第四十六条 排污单位需要延续依法取得的排污许可证的有效期的，应当在排污许可证届满三十个工作日前向原核发环保部门提出申请。

第四十七条 申请延续排污许可证的，应当提交下列材料：

（一）延续排污许可证申请；

（二）由排污单位法定代表人或者主要负责人签字或者盖章的承诺书；

（三）排污许可证正本复印件；

（四）与延续排污许可事项有关的其他材料。

第四十八条 核发环保部门应当按照本办法第二十九条规定对延续申请材料进行审查，并自受理延续申请之日起二十个工作日内作出延续或者不予延续许可决定。

作出延续许可决定的，向排污单位发放加盖本行政机关印章的排污许可证，收回原排污许可证正本，同时在全国排污许可证管理信息平台上公告。

第四十九条 有下列情形之一的，核发环保部门或者其上级行政机关，可以撤销排污许可证并在全国排污许可证管理信息平台上公告：

（一）超越法定职权核发排污许可证的；

（二）违反法定程序核发排污许可证的；

（三）核发环保部门工作人员滥用职权、玩忽职守核发排污许可证的；

（四）对不具备申请资格或者不符合法定条件的申请人准予行政许可的；

（五）依法可以撤销排污许可证的其他情形。

第五十条 有下列情形之一的，核发环保部门应当依法办理排污许可证的注销手续，并在全国排污许可证管理信息平台上公告：

（一）排污许可证有效期届满，未延续的；

（二）排污单位被依法终止的；

（三）应当注销的其他情形。

第五十一条 排污许可证发生遗失、损毁的，排污单位应当在三十个工作日内向核发环保部门申请补领排污许可证；遗失排污许可证的，在申请补领前应当在全国排污许可证管理信息平台上发布遗失声明；损毁排污许可证的，应当同时交回被损毁的排污许可证。

核发环保部门应当在收到补领申请后十个工作日内补发排污许可证，并在全国排污许可证管理信息平台上公告。

第六章 法律责任

第五十二条 环境保护主管部门在排污许可证受理、核发及监管执法中有下列行为之一的，由其上级行政机关或者监察机关责令改正，对直接负责的主管人员或者其他直接责任人员依法给予行政处分；构成犯罪的，依法追究刑事责任：

（一）符合受理条件但未依法受理申请的；

（二）对符合许可条件的不依法准予核发排污许可证或者未在法定时限

内作出准予核发排污许可证决定的；

（三）对不符合许可条件的准予核发排污许可证或者超越法定职权核发排污许可证的；

（四）实施排污许可证管理时擅自收取费用的；

（五）未依法公开排污许可相关信息的；

（六）不依法履行监督职责或者监督不力，造成严重后果的；

（七）其他应当依法追究责任的情形。

第五十三条 排污单位隐瞒有关情况或者提供虚假材料申请行政许可的，核发环保部门不予受理或者不予行政许可，并给予警告。

第五十四条 违反本办法第四十三条规定，未及时申请变更排污许可证的；或者违反本办法第五十一条规定，未及时补办排污许可证的，由核发环保部门责令改正。

第五十五条 重点排污单位未依法公开或者不如实公开有关环境信息的，由县级以上环境保护主管部门责令公开，依法处以罚款，并予以公告。

第五十六条 违反本办法第三十四条，有下列行为之一的，由县级以上环境保护主管部门依据《中华人民共和国大气污染防治法》《中华人民共和国水污染防治法》的规定，责令改正，处二万元以上二十万元以下的罚款；拒不改正的，依法责令停产整治：

（一）未按照规定对所排放的工业废气和有毒有害大气污染物、水污染物进行监测，或者未保存原始监测记录的；

（二）未按照规定安装大气污染物、水污染物自动监测设备，或者未按照规定与环境保护主管部门的监控设备联网，或者未保证监测设备正常运行的。

第五十七条 排污单位存在以下无排污许可证排放污染物情形的，由县级以上环境保护主管部门依据《中华人民共和国大气污染防治法》《中华人民共和国水污染防治法》的规定，责令改正或者责令限制生产、停产整治，并处十万元以上一百万元以下的罚款；情节严重的，报经有批准权的人民政府批准，责令停业、关闭：

（一）依法应当申请排污许可证但未申请，或者申请后未取得排污许可证排放污染物的；

（二）排污许可证有效期限届满后未申请延续排污许可证，或者延续申请未经核发环保部门许可仍排放污染物的；

（三）被依法撤销排污许可证后仍排放污染物的；

（四）法律法规规定的其他情形。

第五十八条 排污单位存在以下违反排污许可证行为的，由县级以上环境保护主管部门依据《中华人民共和国环境保护法》《中华人民共和国大气污染防治法》《中华人民共和国水污染防治法》的规定，责令改正或者责令限制生产、停产整治，并处十万元以上一百万元以下的罚款；情节严重的，报经有批准权的人民政府批准，责令停业、关闭：

（一）超过排放标准或者超过重点大气污染物、重点水污染物排放总量控制指标排放水污染物、大气污染物的；

（二）通过偷排、篡改或者伪造监测数据、以逃避现场检查为目的的临时停产、非紧急情况下开启应急排放通道、不正常运行大气污染防治设施等逃避监管的方式排放大气污染物的；

（三）利用渗井、渗坑、裂隙、溶洞，私设暗管，篡改、伪造监测数据，或者不正常运行水污染防治设施等逃避监管的方式排放水污染物的；

（四）其他违反排污许可证规定排放污染物的。

第五十九条 排污单位违法排放大气污染物、水污染物，受到罚款处罚，被责令改正的，依法作出处罚决定的行政机关组织复查，发现其继续违法排放大气污染物、水污染物或者拒绝、阻挠复查的，作出处罚决定的行政机关可以自责令改正之日的次日起，依法按照原处罚数额按日连续处罚。

第六十条 排污单位发生本办法第三十五条第一款第二、三项或者第三十七条第四款第二项规定的异常情况，及时报告核发环保部门，且主动采取措施消除或者减轻违法行为危害后果的，县级以上环境保护主管部门应当依据《中华人民共和国行政处罚法》相关规定从轻处罚。

排污单位应当在相应季度执行报告或者月执行报告中记载本条第一款

情况。

第七章 附 则

第六十一条 依照本办法首次发放排污许可证时，对于在本办法实施前已经投产、运营的排污单位，存在以下情形之一，排污单位承诺改正并提出改正方案的，环境保护主管部门可以向其核发排污许可证，并在排污许可证中记载其存在的问题，规定其承诺改正内容和承诺改正期限：

（一）在本办法实施前的新建、改建、扩建建设项目不符合本办法第二十九条第一项条件；

（二）不符合本办法第二十九条第二项条件。

对于不符合本办法第二十九条第一项条件的排污单位，由核发环保部门依据《建设项目环境保护管理条例》第二十三条，责令限期改正，并处罚款。

对于不符合本办法第二十九条第二项条件的排污单位，由核发环保部门依据《中华人民共和国大气污染防治法》第九十九条或者《中华人民共和国水污染防治法》第八十三条，责令改正或者责令限制生产、停产整治，并处罚款。

本条第二款、第三款规定的核发环保部门责令改正内容或者限制生产、停产整治内容，应当与本条第一款规定的排污许可证规定的改正内容一致；本条第二款、第三款规定的核发环保部门责令改正期限或者限制生产、停产整治期限，应当与本条第一款规定的排污许可证规定的改正期限的起止时间一致。

本条第一款规定的排污许可证规定的改正期限为三至六个月、最长不超过一年。

在改正期间或者限制生产、停产整治期间，排污单位应当按证排污，执行自行监测、台账记录和执行报告制度，核发环保部门应当按照排污许可证的规定加强监督检查。

第六十二条 本办法第六十一条第一款规定的排污许可证规定的改正

期限到期，排污单位完成改正任务或者提前完成改正任务的，可以向核发环保部门申请变更排污许可证，核发环保部门应当按照本办法第五章规定对排污许可证进行变更。

本办法第六十一条第一款规定的排污许可证规定的改正期限到期，排污单位仍不符合许可条件的，由核发环保部门依据《中华人民共和国大气污染防治法》第九十九条或者《中华人民共和国水污染防治法》第八十三条或者《建设项目环境保护管理条例》第二十三条的规定，提出建议报有批准权的人民政府批准责令停业、关闭，并按照本办法第五十条规定注销排污许可证。

第六十三条 对于本办法实施前依据地方性法规核发的排污许可证，尚在有效期内的，原核发环保部门应当在全国排污许可证管理信息平台填报数据，获取排污许可证编码；已经到期的，排污单位应当按照本办法申请排污许可证。

第六十四条 本办法第十二条规定的排污许可证格式、第二十条规定的承诺书样本和本办法第二十六条规定的排污许可证申请表格式，由环境保护部制定。

第六十五条 本办法所称排污许可，是指环境保护主管部门根据排污单位的申请和承诺，通过发放排污许可证法律文书形式，依法依规规范和限制排污行为，明确环境管理要求，依据排污许可证对排污单位实施监管执法的环境管理制度。

第六十六条 本办法所称主要负责人是指依照法律、行政法规规定代表非法人单位行使职权的负责人。

第六十七条 涉及国家秘密的排污单位，其排污许可证的申请、受理、审核、发放、变更、延续、注销、撤销、遗失补办应当按照保密规定执行。

第六十八条 本办法自发布之日起施行。

附录 2 排污许可证管理暂行规定

（环水体〔2016〕186 号）（2018 年 8 月 17 日废止）

第一章 总 则

第一条 为规范排污许可证管理，根据《中华人民共和国环境保护法》《中华人民共和国水污染防治法》《中华人民共和国大气污染防治法》《中华人民共和国行政许可法》等法律规定和《国务院办公厅关于印发控制污染物排放许可制实施方案的通知》（国办发〔2016〕81 号），制定本规定。

第二条 排污许可证的申请、核发、实施、监管等行为，适用本规定。

第三条 本规定所称排污许可，是指环境保护主管部门依排污单位的申请和承诺，通过发放排污许可证法律文书形式，依法依规规范和限制排污单位排污行为并明确环境管理要求，依据排污许可证对排污单位实施监管执法的环境管理制度。

本规定所称排污单位特指纳入排污许可分类管理名录的企业事业单位和其他生产经营者。

第四条 下列排污单位应当实行排污许可管理：

（一）排放工业废气或者排放国家规定的有毒有害大气污染物的企业事业单位。

（二）集中供热设施的燃煤热源生产运营单位。

（三）直接或间接向水体排放工业废水和医疗污水的企业事业单位。

（四）城镇或工业污水集中处理设施的运营单位。

（五）依法应当实行排污许可管理的其他排污单位。

环境保护部按行业制订并公布排污许可分类管理名录，分批分步骤推进排污许可证管理。排污单位应当在名录规定的时限内持证排污，禁止无证排污或不按证排污。

第五条 环境保护部根据污染物产生量、排放量和环境危害程度的不同，在排污许可分类管理名录中规定对不同行业或同一行业的不同类型排污单位实行排污许可差异化管理。对污染物产生量和排放量较小、环境危害程度较低的排污单位实行排污许可简化管理，简化管理的内容包括申请材料、信息公开、自行监测、台账记录、执行报告的具体要求。

第六条 对排污单位排放水污染物、大气污染物的各类排污行为实行综合许可管理。排污单位申请并领取一个排污许可证，同一法人单位或其他组织所有，位于不同地点的排污单位，应当分别申请和领取排污许可证；不同法人单位或其他组织所有的排污单位，应当分别申请和领取排污许可证。

第七条 环境保护部负责全国排污许可制度的统一监督管理，制订相关政策、标准、规范，指导地方实施排污许可制度。

省、自治区、直辖市环境保护主管部门负责本行政区域排污许可制度的组织实施和监督。县级环境保护主管部门负责实施简化管理的排污许可证核发工作，其余的排污许可证原则上由地（市）级环境保护主管部门负责核发。地方性法规另有规定的从其规定。

按照国家有关规定，县级环境保护主管部门被调整为市级环境保护主管部门派出分局的，由市级环境保护主管部门组织所属派出分局实施排污许可证核发管理。

第八条 环境保护部负责建设、运行、维护、管理国家排污许可证管理信息平台，各地现有的排污许可证管理信息平台应实现数据的逐步接入。环境保护部在统一社会信用代码基础上，通过国家排污许可证管理信息平台对全国的排污许可证实行统一编码。排污许可证申请、受理、审核、发放、变更、延续、注销、撤销、遗失补办应当在国家排污许可证管理信息平台上进行。排污许可证的执行、监管执法、社会监督等信息应当在国家排污许可证管理信息平台上记录。

第二章 排污许可证内容

第九条 排污许可证由正本和副本构成，正本载明基本信息，副本载明基本信息、许可事项、管理要求等信息。

第十条 下列许可事项应当在排污许可证副本中载明：

（一）排污口位置和数量、排放方式、排放去向等。

（二）排放污染物种类、许可排放浓度、许可排放量。

（三）法律法规规定的其他许可事项。

对实行排污许可简化管理的排污单位，许可事项可只包括（一）以及（二）中的排放污染物种类、许可排放浓度。

核发机关根据污染物排放标准、总量控制指标、环境影响评价文件及批复要求等，依法合理确定排放污染物种类、浓度及排放量。

对新改扩建项目的排污单位，环境保护主管部门对上述内容进行许可时应当将环境影响评价文件及批复的相关要求作为重要依据。

排污单位承诺执行更加严格的排放浓度和排放量并为此享受国家或地方优惠政策的，应当将更加严格的排放浓度和排放量在副本中载明。

地方人民政府制定的环境质量限期达标规划、重污染天气应对措施中，对排污单位污染物排放有特别要求的，应当在排污许可证副本中载明。

第十一条 下列环境管理要求应当在排污许可证副本中载明：

（一）污染防治设施运行、维护，无组织排放控制等环境保护措施要求。

（二）自行监测方案、台账记录、执行报告等要求。

（三）排污单位自行监测、执行报告等信息公开要求。

（四）法律法规规定的其他事项。

对实行排污许可简化管理的可作适当简化。

第十二条 排污许可证正本和副本应载明排污单位名称、注册地址、法定代表人或者实际负责人、生产经营场所地址、行业类别、组织机构代码、统一社会信用代码等排污单位基本信息，以及排污许可证有效期限、发证机关、发证日期、证书编号和二维码等信息。

排污许可证副本还应载明主要生产装置、主要产品及产能、主要原辅材料、产排污环节、污染防治设施、排污权有偿使用和交易等信息。对实行排污许可简化管理的可作适当简化。

各地可根据管理需求在排污许可证副本载明其他信息。

第三章　申请与核发

第十三条　省级环境保护主管部门可以根据环境保护部确定的期限等要求，确定本行政区域具体的申请时限、核发机关、申请程序等相关事项，并向社会公告。

第十四条　现有排污单位应当在规定的期限内向具有排污许可证核发权限的核发机关申请领取排污许可证。

新建项目的排污单位应当在投入生产或使用并产生实际排污行为之前申请领取排污许可证。

第十五条　环境保护部制定排污许可证申请与核发技术规范，排污单位依法按照排污许可证申请与核发技术规范提交排污许可申请，申报排放污染物种类、排放浓度等，测算并申报污染物排放量。

第十六条　排污单位在申请排污许可证前，应当将主要申请内容，包括排污单位基本信息、拟申请的许可事项、产排污环节、污染防治设施，通过国家排污许可证管理信息平台或者其他规定途径等便于公众知晓的方式向社会公开。公开时间不得少于 5 日。对实行排污许可简化管理的排污单位，可不进行申请前信息公开。

第十七条　排污单位应当在国家排污许可证管理信息平台上填报并提交排污许可证申请，同时向有核发权限的环境保护主管部门提交通过平台印制的书面申请材料。排污单位对申请材料的真实性、合法性、完整性负法律责任。申请材料应当包括：

（一）排污许可证申请表，主要内容包括：排污单位基本信息，主要生产装置，废气、废水等产排污环节和污染防治设施，申请的排污口位置和数量、排放方式、排放去向、排放污染物种类、排放浓度和排放量、执行的排放标准。排污许可证申请表格式见附件。

（二）有排污单位法定代表人或者实际负责人签字或盖章的承诺书。主要承诺内容包括：对申请材料真实性、合法性、完整性负法律责任；按排污许可证的要求控制污染物排放；按照相关标准规范开展自行监测、台账记录；按时提交执行报告并及时公开相关信息等。

（三）排污单位按照有关要求进行排污口和监测孔规范化设置的情况说明。

（四）建设项目环境影响评价批复文号，或按照《国务院办公厅关于加强环境监管执法的通知》（国办发〔2014〕56 号）要求，经地方政府依法处理、整顿规范并符合要求的相关证明材料。

（五）城镇污水集中处理设施还应提供纳污范围、纳污企业名单、管网布置、最终排放去向等材料。

（六）法律法规规定的其他材料。

对实行排污许可简化管理的排污单位，上述材料可适当简化。

第十八条 核发机关收到排污单位提交的申请材料后，对材料的完整性、规范性进行审查，按照下列情形分别作出处理：

（一）依本规定不需要取得排污许可证的，应当即时告知排污单位不需要办理。

（二）不属于本行政机关职权范围的，应当即时作出不予受理的决定，并告知排污单位有核发权限的机关。

（三）申请材料不齐全的，应当当场或在五日内出具一次性告知单，告知排污单位需要补充的全部材料。逾期不告知的，自收到申请材料之日起即为受理。

（四）申请材料不符合规定的，应当当场或在五日内出具一次性告知单，告知排污单位需要改正的全部内容。可以当场改正的，应当允许排污单位当场改正。逾期不告知的，自收到申请材料之日起即为受理。

（五）属于本行政机关职权范围，申请材料齐全、符合规定，或者排污单位按要求提交全部补正申请材料的，应当受理。

核发机关应当在国家排污许可证管理信息平台上作出受理或者不予受理排污许可申请的决定，同时向排污单位出具加盖本行政机关专用印章和注明日期的受理单或不予受理告知单。

第十九条 核发机关根据排污单位申请材料和承诺，对满足下列条件的排污单位核发排污许可证，对申请材料中存在疑问的，可开展现场核查。

（一）不属于国家或地方政府明确规定予以淘汰或取缔的。

（二）不位于饮用水水源保护区等法律法规明确规定禁止建设区域内。

（三）有符合国家或地方要求的污染防治设施或污染物处理能力。

（四）申请的排放浓度符合国家或地方规定的相关标准和要求，排放量符合排污许可证申请与核发技术规范的要求。

（五）申请表中填写的自行监测方案、执行报告上报频次、信息公开方案符合相关技术规范要求。

（六）对新改扩建项目的排污单位，还应满足环境影响评价文件及其批复的相关要求，如果是通过污染物排放等量或减量替代削减获得总量指标的，还应审核被替代削减的排污单位排污许可证变更情况。

（七）排污口设置符合国家或地方的要求。

（八）法律法规规定的其他要求。

核发机关根据审核结果，自受理申请之日起二十日内作出是否准予许可的决定。二十日内不能作出决定的，经本行政机关负责人批准，可以延长十日，并将延长期限理由告知排污单位。依法需要听证、检验、检测和专家评审的，所需时间不计算在本规定的期限内。行政机关应当将所需时间书面告知申请人。

核发机关作出准予许可决定的，须向国家排污许可管理信息平台提交审核结果材料并申请获取全国统一的排污许可证编码。

核发机关应自作出许可决定起十日内，向排污单位发放加盖本行政机关印章的排污许可证，并在国家排污许可证管理信息平台上进行公告；作出不予许可决定的，核发机关应当出具不予许可书面决定书，书面告知排污单位不予许可的理由以及享有依法申请行政复议或提请行政诉讼的权利，并在国家排污许可证管理信息平台上进行公告。

第二十条 在排污许可证有效期内，下列事项发生变化的，排污单位应当在规定时间内向原核发机关提出变更排污许可证的申请。

（一）排污单位名称、注册地址、法定代表人或者实际负责人等正本中载明的基本信息发生变更之日起二十日内。

（二）第十条中许可事项发生变更之日前二十日内。

（三）排污单位在原场址内实施新改扩建项目应当开展环境影响评价的，在通过环境影响评价审批或者备案后，产生实际排污行为之前二十日内。

（四）国家或地方实施新污染物排放标准的，核发机关应主动通知排污单位进行变更，排污单位在接到通知后二十日内申请变更。

（五）政府相关文件或与其他企业达成协议，进行区域替代实现减量排放的，应在文件或协议规定时限内提出变更申请。

（六）需要进行变更的其他情形。

第二十一条 申请变更排污许可证的，应当提交下列申请材料：

（一）排污许可证申请表。

（二）排污许可证正本、副本复印件。

（三）与变更排污许可事项有关的其他材料。

排污单位应当书面承诺对变更申请材料的真实性、合法性、完整性负法律责任以及严格执行变更后排污许可证的规定。

第二十二条 核发机关应当对变更申请材料进行审查。同意变更的，在副本中载明变更内容并加盖本行政机关印章，发证日期和有效期与原证书一致。

发生第二十条第一项变更的，核发机关应当自受理变更申请之日起十日内作出变更决定，并换发排污许可证正本。发生其他变更的，核发机关应当自受理变更申请之日起二十日内作出变更许可决定。

第二十三条 排污许可证有效期届满后需要继续排放污染物的，排污单位应当在有效期届满前三十日向原核发机关提出延续申请。

第二十四条 申请延续排污许可证的，应当提交下列材料：

（一）排污许可证申请表。

（二）排污许可证正本、副本复印件。

（三）与延续排污许可事项有关的其他材料。

第二十五条 核发机关应当对延续申请材料进行审查。同意延续的，应当自受理延续申请之日起二十日内作出延续许可决定，向排污单位发放加盖本行政机关印章的排污许可证，并在国家排污许可证管理信息平台上进行公告，同时收回原排污许可证正本、副本。

第二十六条 有下列情形之一的，排污许可证核发机关或其上级机关，可以撤销排污许可决定并及时在国家排污许可证管理信息平台上进行公告。

（一）超越法定职权核发排污许可证的。

（二）违反法定程序核发排污许可证的。

（三）核发机关工作人员滥用职权、玩忽职守核发排污许可证的。

（四）对不具备申请资格或者不符合法定条件的申请人准予行政许可的。

（五）排污单位以欺骗、贿赂等不正当手段取得排污许可证的。

（六）依法可以撤销排污许可决定的其他情形。

第二十七条 有下列情形之一的，核发机关应当依法办理排污许可证的注销手续并及时在国家排污许可证管理信息平台上进行公告。

（一）排污许可证有效期届满，未延续的。

（二）排污单位被依法终止不再排放污染物的。

（三）法律规定应当注销的其他情形。

第二十八条 排污许可证发生遗失、损毁的，排污单位应当在三十日内向原核发机关申请补领排污许可证，遗失排污许可证的还应同时提交遗失声明，损毁排污许可证的还应同时交回被损毁的许可证。核发机关应当在收到补领申请后十日内补发排污许可证，并及时在国家排污许可证管理信息平台上进行公告。

第二十九条 排污许可证自发证之日起生效。按本规定首次发放的排污许可证有效期为三年，延续换发排污许可证有效期为五年。

第三十条 禁止涂改、伪造排污许可证。禁止以出租、出借、买卖或其他方式转让排污许可证。排污单位应当在生产经营场所内方便公众监督的位置悬挂排污许可证正本。

第三十一条 环境保护主管部门实施排污许可不得收取费用。

第四章 实施与监管

第三十二条 排污单位应当严格执行排污许可证的规定，遵守下列要求：

（一）排污口位置和数量、排放方式、排放去向、排放污染物种类、排放浓度和排放量、执行的排放标准等符合排污许可证的规定，不得私设暗管或以其他方式逃避监管。

（二）落实重污染天气应急管控措施、遵守法律规定的最新环境保护要求等。

（三）按排污许可证规定的监测点位、监测因子、监测频次和相关监测技术规范开展自行监测并公开。

（四）按规范进行台账记录，主要内容包括生产信息、燃料、原辅材料使用情况、污染防治设施运行记录、监测数据等。

（五）按排污许可证规定，定期在国家排污许可证管理信息平台填报信息，编制排污许可证执行报告，及时报送有核发权的环境保护主管部门并公开，执行报告主要内容包括生产信息、污染防治设施运行情况、污染物按证排放情况等。

（六）法律法规规定的其他义务。

第三十三条 环境保护主管部门应依据排污许可证对排污单位排放污染物行为进行监管执法，检查许可事项的落实情况，审核排污单位台账记录和许可证执行报告，检查污染防治设施运行、自行监测、信息公开等排污许可证管理要求的执行情况。

对投诉举报多、有严重违法违规记录等情况的排污单位，要提高抽查比例；对实行排污许可简化管理的排污单位以及环保诚信度高、无违法违规记录的排污单位，可减少检查频次。

在国家排污许可证管理信息平台上公布监督检查情况，对检查中发现违反排污许可证行为的，应记入企业信用信息公示系统。

环境保护主管部门可通过政府购买服务的方式，委托第三方机构对排污单位的台账记录和执行报告进行审核，提出审核意见，作为环境保护主管部门监督检查的依据。

第三十四条 上级环境保护主管部门可采取随机抽查的方式对具有核发权限的下级环境保护管理部门的排污许可证核发情况进行监督检查和指导。

对违规发放的排污许可证，上级环境保护主管部门可根据本规定撤销许可，并责令改正；对于下级环境保护主管部门违反规定发放排污许可证，情节特别严重的，由上级环境保护主管部门撤销违规发放的排污许可证并责令整改，对直接负责核发的主管人员和其他直接责任人员依法给予行政处分。

第三十五条 鼓励社会公众、新闻媒体等对排污单位的排污行为进行监督。排污单位应及时公开信息，畅通与公众沟通的渠道，自觉接受公众监督。公民、法人和其他组织发现违反本规定行为的，有权向环境保护主管部门举报。接受举报的环境保护主管部门应当依法调查处理，并按有关规定对调查结果予以反馈，同时为举报人保密。

第三十六条 除涉及国家机密或商业秘密之外，排污单位应当按本规定第十一条第（三）项规定，及时在国家排污许可证管理信息平台上公开相关信息；环境保护主管部门应当在国家排污许可管理信息平台公开排污许可监督管理和执法信息。

国家排污许可证管理信息平台应当公布排污许可的管理服务指南和相

关配套文件。管理服务指南应当列明排污许可证办理流程、办理时限、所需的申请材料、受理方式、审核要求等内容。

第五章 附 则

第三十七条 在本规定实施前依据地方性法规核发的排污许可证仍然有效。原核发机关应当在国家排污许可证管理信息平台填报数据，获取排污许可证编码。

对于其他仍在有效期内的排污许可证，持证排污单位应按照《国务院办公厅关于印发控制污染物排放许可制实施方案的通知》（国办发〔2016〕81 号）和本规定，向具有核发权限的机关申请核发排污许可证。

参考文献

[1] 蒋洪强，张静，周佳. 关于排污许可制度改革实施的几个关键问题探讨[J]. 环境保护，2016（23）：14-16.

[2] 劳伦斯·纽曼. 社会研究方法——定性和定量的取向[M]. 北京：中国人民大学出版社，2007.

[3] 孙晓娥. 深度访谈研究方法的实证论析[J]. 西安交通大学学报（社会科学版），2012（3）：101-106.

[4] 宋国君，徐莎. 论环境政策分析的一般模式[J]. 环境污染与防治，2010（6）：81-85.

[5] 王军霞，唐桂刚，赵春丽. 企业污染物排放自行监测方案设计研究——以造纸行业为例[J]. 环境保护，2016（23）：45-48.

[6] 罗毅. 推进企业自行监测 加强监测信息公开[J]. 环境保护，2013（17）：13-15.

[7] 马梦青. 我国企业自行环境监测的现状、问题及法律规制[J]. 甘肃社会科学，2015（1）：184-186.

[8] 王奇，马君. 关于推进我国环境监测社会化发展的探讨[J]. 环境保护，2015（13）：38-40.

[9] 李莉娜，唐桂刚，万婷婷，等. 我国企业排污状况自行监测的现状、问题及对策[J]. 环境工程，2014（5）：86-89，94.

[10] 宋国君，赵英煛. 我国固定源实施排污许可证管理可行性研究[J]. 环境影响评价，2016（2）：9-13.

[11] 赵美珍，郭华茹. 地方政府环境监管法律责任探讨[J]. 福建论坛（人文社会科学版），2012（11）：168-172.

[12] 安志蓉，丁慧平，侯海玮. 环境绩效利益相关者的博弈分析及策略研究[J]. 经济问

题探索，2013（3）：30-36.

[13] 黄晗. 地方政府与中国环境政策执行困境分析[J]. 北京行政学院学报，2013（4）：14-18.

[14] 童光法. 企业环境守法的进展与问题分析[J]. 中国高校社会科学，2016（4）：132-139.

[15] 钱文涛. 中国大气固定源排污许可证制度设计研究[D]. 中国人民大学，2014.

[16] 谢海波. 论我国环境法治实现之路径选择——以正当行政程序为重心[J]. 法学论坛，2014（3）：112-122.

[17] 贺震. 信用与价格“两手”联动力促企业环境守法[J]. 环境保护，2016（10）：70-71.

[18] 熊鹰，徐翔. 政府环境监管与企业污染治理的博弈分析及对策研究[J]. 云南社会科学，2007（4）：60-63.

[19] 刘体劲，吴迪. 政府环境监管与企业最优环境策略的博弈[J]. 环境工程，2016（9）：148-151.

[20] 邓可祝. 环境合作治理视角下的守法导则研究[J]. 郑州大学学报（哲学社会科学版），2016（2）：29-34.

[21] 邹伟进，胡畔. 政府和企业环境行为：博弈及博弈均衡的改善[J]. 理论月刊，2009（6）：161-164.

[22] 丁启明，赵静. 论企业环境守法激励机制的建构[J]. 学术交流，2011（3）：75-77.

[23] 张学刚，钟茂初. 政府环境监管与企业污染的博弈分析及对策研究[J]. 中国人口资源与环境，2011（2）：31-35.

[24] 罗良文，雷鹏飞，孟科学. 企业环境寻求、污染密集型生产区际转移与环境监管[J]. 中国人口·资源与环境，2016（1）：113-120.

[25] 卓光俊，杨天红. 环境公众参与制度的正当性及制度价值分析[J]. 吉林大学社会科学学报，2011（4）：146-152.

[26] 常杪，杨亮，李冬溦. 环境公众参与发展体系研究[J]. 环境保护，2011（Z1）：97-99.

[27] 吕忠梅，张忠民. 环境公众参与制度完善的路径思考[J]. 环境保护，2013（23）：18-20.

[28] 刘超. “二元协商”模型对我国环境公众参与制度的启示与借鉴[J]. 政法论丛，2013

（2）：28-34.

[29] 张震. 我国工业点源水污染物排放标准管理制度研究[D]. 中国人民大学，2015.

[30] 刘超. 协商民主视阈下我国环境公众参与制度的疏失与更新[J]. 武汉理工大学学报（社会科学版），2014（1）：76-81.

[31] 张辉. 美国环境公众参与理论及其对中国的启示[J]. 现代法学，2015（4）：148-156.

[32] 高雁. 论环境公众参与之组织化道路[J]. 湖北社会科学，2014（4）：45-49.

[33] 晋海. 我国基层政府环境监管失范的体制根源与对策要点[J]. 法学评论，2012（3）：89-94.

[34] 黄锡生，曹飞. 中国环境监管模式的反思与重构[J]. 环境保护，2009（4）：36-38.

[35] 穆怀中，范洪敏. 城镇化扩张与居民空气污染治理支付意愿[J]. 国家行政学院学报，2014（6）：81-85.

[36] 方堃. 在华跨国公司环境违法相关问题探讨[J]. 上海交通大学学报（哲学社会科学版），2008（5）：11-19.

[37] BUCHANAN J M，TULLOCK G. Polluters' Profits and Political Response：Direct Control versus Taxes：Reply[J]. The American Economic Review，1975，65（1）.

[38] CRAWFORD S E S，OSTROM E. A Grammar of Institutions[J]. American Political Science Review，1995，89（3）：582-600.

[39] OSTROM E. A Behavioral Approach to the Rational Choice Theory of Collective Action：Presidential Address，American Political Science Association，1997[J]. American Political Science Review，1998，92（1）：1-22.

[40] EDWARDS V M，STEINS N. Developing an analytical framework for multiple-use commons[J]. Journal of Theoretical Politics，1998，10（3）：347-383.

[41] HURWICZ L. The Design of Mechanisms for Resource Allocation[J]. The American Economic Review，1973，63（2）：1-30.

[42] 方燕，张昕竹. 机制设计理论综述[J]. 当代财经，2012（7）：119-129.

[43] 严俊. 机制设计理论：基于社会互动的一种理解[J]. 经济学家，2008（4）：103-109.

[44] US-EPA. Current Regulations and Regulatory Actions[M]. https：//www.epa.gov/title-v-operating-permits/ current-regulations-and-regulatory-actions.

[45] 钱文涛，宋国君. 空气固定源，一证式管理怎么实现？[J]. 环境经济，2015（ZA）：7-9.

[46] 黄文飞，卢瑛莹，王红晓，等. 基于排污许可证的美国空气质量管理手段及其借鉴[J]. 环境保护，2014（5）：63-64.

[47] 尹志军. 美国环境法史论[D]. 中国政法大学，2005.

[48] MAZMANIAN D A. 美国洛杉矶空气管理经验分析[J]. 环境科学研究（增刊），2006，19（b11）：98-108.

[49] 赵英煚，宋国君. 守法监测与合规核查，固定源监管的关键？——排污许可证管理的美国经验之一[J]. 环境经济，2015（ZA）：13-14.

[50] 宋国君，赵英煚. 美国空气固定源排污许可证中关于监测的规定及启示[J]. 中国环境监测，2015（6）：15-21.

[51] 宋国君，钱文涛. 实施排污许可证制度治理大气固定源[J]. 环境经济，2013（11）：21-25.

[52] 宋国君，赵英煚，李虹霖，等. 空气固定源排污许可证管理模式设计[J]. 环境保护，2017（Z1）：65-68.

[53] 韩冬梅. 中国水排污许可证制度设计研究[D]. 中国人民大学，2012.

[54] 柯坚. 论污染者负担原则的嬗变[J]. 法学评论，2010（6）：82-89.

[55] 陈端洪. 行政许可与个人自由[J]. 法学研究，2004（5）：25-35.

[56] SCOTT C，石肖雪. 作为规制与治理工具的行政许可[J]. 法学研究，2014（2）：35-45.

[57] 宋国君，张震，韩冬梅. 美国水排污许可证制度对我国污染源监测管理的启示[J]. 环境保护，2013（17）：23-26.

[58] 宋国君，韩冬梅. 中国水污染管理体制改革建议[J]. 行政管理改革，2012（5）：13-17.

[59] 赵蜀蓉，陈绍刚，王少卓. 委托代理理论及其在行政管理中的应用研究述评[J]. 中国行政管理，2014（12）：119-122.

[60] 王军霞，陈敏敏，唐桂刚，等. 我国污染源监测制度改革探讨[J]. 环境保护，2014（21）：24-27.

[61] 宋国君，张翕. 环境信息公开与公众参与政策探析[J]. 湖南财政经济学院学报，2011（4）：18-22.

[62] 汪劲. 论环境享有权作为环境法上权利的核心构造[J]. 政法论丛，2016（5）：51-58.

[63] 赵志勇，朱礼华. 环境邻避的经济学分析[J]. 社会科学，2013（10）：60-66.

[64] 何艳玲. “中国式”邻避冲突：基于事件的分析[J]. 开放时代，2009（12）：102-114.

[65] 徐祥民，宋福敏. 建立中国环境公益诉讼制度的理论准备[J]. 中国人口·资源与环境，2016（7）：110-118.

[66] 墨绍山. 环境群体事件危机管理：发生机制及干预对策[J]. 西北农林科技大学学报（社会科学版），2013（5）：145-151.

[67] 姚圣，程娜，武杨若楠. 环境群体事件：根源、遏制与杜绝[J]. 中国矿业大学学报（社会科学版），2014（1）：98-103.

[68] 汪伟全. 环境类群体事件的利益相关性分析[J]. 学术界，2016（8）：55-61，325-6.

[69] 王慧. 山东省重点污染源自动监测动态管控系统设计与实现[D]. 山东大学，2017.

[70] 徐薇薇，刘常永，王增国，等. 污染源自动监测设备动态管控系统技术及应用[J]. 环境监测管理与技术，2017，29（1）：69-71.

[71] 石敬华，陈林，王增国，等. 污染源自动监测数据质量影响因素分析及技术保证措施研究[J]. 石油化工安全环保技术，2016，32（5）：70-74，77.